大数据人才培养规划教材
"1+X"职业技能等级证书配套系列教材
大数据应用开发(Python)

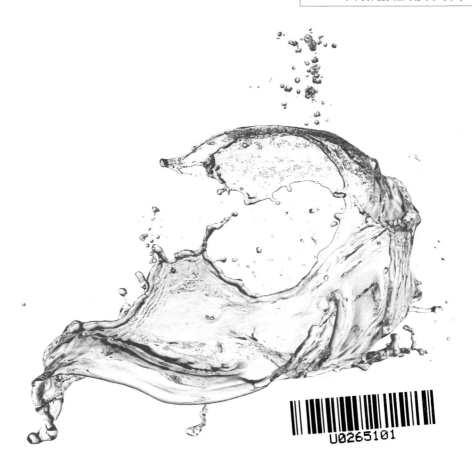

Python
网络爬虫技术

Web Scraping with Python

江吉彬 张良均 ● 主编
詹增荣 戴华炜 郭信佑 ● 副主编

人民邮电出版社
北京

图书在版编目（CIP）数据

Python网络爬虫技术 / 江吉彬，张良均主编. -- 北京：人民邮电出版社，2019.4（2023.7重印）
大数据人才培养规划教材
ISBN 978-7-115-50506-4

Ⅰ. ①P… Ⅱ. ①江… ②张… Ⅲ. ①软件工具—程序设计—教材 Ⅳ. ①TP311.561

中国版本图书馆CIP数据核字(2019)第001483号

内 容 提 要

本书以任务为导向，较为全面地介绍了不同场景下 Python 爬取网络数据的方法，包括静态网页、动态网页、登录后才能访问的网页、PC 客户端、App 等场景。全书共 7 章，第 1 章介绍了爬虫与反爬虫的基本概念，以及 Python 爬虫环境的配置，第 2 章介绍了爬取过程中涉及的网页前端基础，第 3 章介绍了在静态网页中爬取数据的过程，第 4 章介绍了在动态网页中爬取数据的过程，第 5 章介绍了对登录后才能访问的网页进行模拟登录的方法，第 6 章介绍了爬取 PC 客户端、App 的数据的方法，第 7 章介绍了使用 Scrapy 爬虫框架爬取数据的过程。本书所有章节都包含了实训与课后习题，通过练习和操作实战，可帮助读者巩固所学的内容。

本书可用于"1+X"证书制度试点工作中的大数据应用开发（Python）职业技能等级证书的教学和培训，也可以作为高校大数据技术类专业的教材和大数据技术爱好者的自学用书。

◆ 主　　编　江吉彬　张良均
　副 主 编　詹增荣　戴华炜　郭信佑
　责任编辑　左仲海
　责任印制　马振武

◆ 人民邮电出版社出版发行　北京市丰台区成寿寺路 11 号
　邮编 100164　电子邮件 315@ptpress.com.cn
　网址 http://www.ptpress.com.cn
　三河市兴达印务有限公司印刷

◆ 开本：787×1092　1/16
　印张：11　　　　　　　　　2019 年 4 月第 1 版
　字数：252 千字　　　　　　2023 年 7 月河北第 14 次印刷

定价：39.80 元

读者服务热线：(010)81055256　印装质量热线：(010)81055316
反盗版热线：(010)81055315
广告经营许可证：京东市监广登字 20170147 号

大数据专业系列图书 专家委员会

专委会主任： 郝志峰（佛山科学技术学院）

专委会副主任（按姓氏笔画为序排列）：

冯国灿（中山大学）

张良均（泰迪学院）

余明辉（广州番禺职业技术学院）

聂 哲（深圳职业技术学院）

曾 斌（人民邮电出版社有限公司）

蔡志杰（复旦大学）

专委会成员（按姓氏笔画为序排列）：

王 丹（国防科技大学）	王 津（成都航空职业技术学院）
化存才（云南师范大学）	方海涛（中国科学院）
孔 原（江苏信息职业技术学院）	邓明华（北京大学）
史小英（西安航空职业技术学院）	冯伟贞（华南师范大学）
边馥萍（天津大学）	戎海武（佛山科学技术学院）
吕跃进（广西大学）	朱元国（南京理工大学）
刘保东（山东大学）	刘彦姝（湖南大众传媒职业技术学院）
刘艳飞（中山职业技术学院）	刘深泉（华南理工大学）
孙云龙（西南财经大学）	阳永生（长沙民政职业技术学院）
花 强（河北大学）	杜 恒（河南工业职业技术学院）
李明革（长春职业技术学院）	杨 坦（华南师范大学）
杨 虎（重庆大学）	杨志坚（武汉大学）
杨治辉（安徽财经大学）	肖 刚（韩山师范学院）
吴孟达（国防科技大学）	吴阔华（江西理工大学）
邱炳城（广东理工学院）	余爱民（广东科学技术职业学院）
沈 洋（大连职业技术学院）	沈凤池（浙江商业职业技术学院）

Python 网络爬虫技术

宋汉珍（承德石油高等专科学校）　宋眉眉（天津理工大学）
张　敏（泰迪学院）　　　　　　张尚佳（泰迪学院）
张治斌（北京信息职业技术学院）　张积林（福建工程学院）
张雅珍（陕西工商职业学院）　　　陈　永（江苏海事职业技术学院）
武春岭（重庆电子工程职业学院）　林智章（厦门城市职业学院）
官金兰（广东农工商职业技术学院）赵　强（山东师范大学）
胡支军（贵州大学）　　　　　　　胡国胜（上海电子信息职业技术学院）
施　兴（泰迪学院）　　　　　　　秦宗槐（安徽商贸职业技术学院）
韩中庚（信息工程大学）　　　　　韩宝国（广东轻工职业技术学院）
蒙　飚（柳州职业技术学院）　　　蔡　铁（深圳信息职业技术学院）
谭　忠（厦门大学）　　　　　　　薛　毅（北京工业大学）
魏毅强（太原理工大学）

序 FOREWORD

随着大数据时代的到来，电子商务、云计算、互联网金融、物联网、虚拟现实、人工智能等不断渗透并重塑传统产业，大数据当之无愧地成为了新的产业革命核心，产业的迅速发展使教育系统面临着新的要求与考验。

职业院校作为人才培养的重要载体，肩负着为社会培育人才的重要使命，职业院校做好大数据人才的培养工作，对于职业教育向类型教育发展具有重要的意义。2016年，教育部批准职业院校设立大数据技术与应用专业，各职业院校随即做出反应，目前已经有超过600所学校开设大数据相关专业。2019年1月24日，国务院印发《国家职业教育改革实施方案》，明确提出经过5—10年时间，职业教育基本完成由政府举办为主向政府统筹管理、社会多元办学的格局转变。从2019年开始，教育部等四部门在职业院校、应用型本科高校启动"学历证书+若干职业技能等级证书"制度试点（以下称"1+X"证书制度试点）工作。希望通过试点，深化教师、教材、教法"三教"改革，加快推进职业教育国家"学分银行"和资历框架建设，探索实现书证融通。

为响应"1+X"证书制度试点工作，广东泰迪智能科技股份有限公司联合业内知名企业及高校相关专家，共同制定《大数据应用开发（Python）职业技能等级标准》，并于2020年9月正式获批。"大数据应用开发（Python）"职业技能等级证书是以Python技术为主线，结合企业大数据应用开发场景制定的人才培养等级评价标准。证书主要面向中等职业院校、高等职业院校和应用型本科院校的大数据、商务数据分析、信息统计、人工智能、软件工程和计算机科学等相关专业，涵盖企业大数据应用中各个环节的关键能力，如数据采集、数据处理、数据分析与挖掘、数据可视化、文本挖掘、深度学习等。

目前，高校教学体系配置过多地偏向理论教学，课程设置与企业实际应用契合度不高，学生很难把理论转化为实践应用技能。为此，广东泰迪智能科技股份有限公司针对大数据应用开发（Python）职业技能证书开发相关配套教材，希望能有效解决大数据相关专业实践型教材紧缺的问题。

Python 网络爬虫技术

　　本系列教材的第一大特点是注重学生的实践能力培养，针对高校实践教学中的痛点，首次提出"鱼骨教学法"的概念，携手"泰迪杯"竞赛，以企业真实需求为导向，使学生能紧紧围绕企业实际应用需求来学习技能，将学生需掌握的理论知识，通过企业案例的形式进行衔接，达到知行合一、以用促学的目的。这恰与"大数据应用开发（Python）"职业技能证书中对人才的考核要求完全契合，可达到书证融通、赛证融通的目的。第二大特点是以大数据技术应用为核心，紧紧围绕大数据应用闭环的流程进行教学。本系列教材涵盖了企业大数据应用中的各个环节，符合企业大数据应用真实场景，使学生从宏观上理解大数据技术在企业中的具体应用场景及应用方法。第三大特点是与技能竞赛紧密结合。

　　在深化教师、教材、教法"三教"改革以及课证融通、赛证融通的人才培养实践过程中，本系列教材将根据读者的反馈意见和建议及时改进、完善，努力成为大数据时代的新型"编写、使用、反馈"螺旋式上升的系列教材建设样板。

全国工业和信息化职业教育教学指导委员会委员
计算机类专业教学指导委员会副主任委员
泰迪杯数据分析技能赛组委会副主任

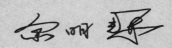

2020 年 11 月于粤港澳大湾区

前 言 PREFACE

随着云时代的来临,数据分析技术将帮助企业用户在合理时间内获取、管理、处理及整理海量数据,为企业经营决策提供积极的帮助。大数据分析作为一门前沿技术,广泛应用于物联网、云计算、移动互联网等战略性新兴产业。在大数据的研究和应用中,爬虫作为数据获取来源之一,扮演着至关重要的角色。

本书特色

本书全面贯彻党的二十大精神,以社会主义核心价值观为引领,加强基础研究、发扬斗争精神,为建成教育强国、科技强国、人才强国、文化强国添砖加瓦。本书内容契合"1+X"证书制度试点工作中的大数据应用开发(Python)职业技能中级证书考核标准,全书以任务为导向,将 Python 爬虫常用技术和真实案例相结合,介绍使用 Python 进行数据爬取的主要方法。每一章都由任务描述、任务分析、知识点引入、实训和课后习题 5 部分组成。全书设计思路以应用为导向,让读者明确如何利用所学知识来解决问题,通过实训和课后练习巩固所学知识,使读者真正理解并能够应用所学知识。全书大部分章节紧扣任务需求展开,不堆积知识点,着重于思路的启发与解决方案的实施。通过从任务需求到实现这一完整工作流程的体验,读者将对 Python 网络爬虫技术真正理解与掌握。

本书适用对象

- 开设有数据分析、Python 爬虫课程的高校的教师和学生。
- 数据分析、Python 开发等相关人员。
- "1+X"证书制度试点工作中的大数据应用开发(Python)职业技能中级证书考生。

代码下载及问题反馈

为了帮助读者更好地使用本书,泰迪云课堂提供了配套的教学视频。如需获取书中相关计算过程的数据文件及 Python 程序代码,读者可以从"泰迪杯"数据挖掘挑战赛网站免费下载,也可登录人民邮电出版社教育社区(www.ryjiaoyu.com)下载。为方便教师授课,本书还提供了 PPT 课件、教学大纲、教学进度表和教案等教学资源,教师可扫码下载申请表，填写后发送至指定邮箱申请所需资料。

  由于编者水平有限，加之编写时间仓促，书中难免出现一些疏漏和不足之处。如果读者有更多的宝贵意见，欢迎在泰迪学社微信公众号（TipDataMining）回复"图书反馈"进行反馈。更多本系列图书的信息可以在"泰迪杯"数据挖掘挑战赛网站查阅。

编　者

2023 年 5 月

泰迪云课堂

"泰迪杯"数据挖掘挑战赛网站

申请表下载

目录

第1章 Python 爬虫环境与爬虫简介 ⋯⋯⋯ 1

任务 1.1 认识爬虫 ⋯⋯⋯⋯⋯⋯⋯⋯⋯⋯⋯ 1
1.1.1 爬虫的概念 ⋯⋯⋯⋯⋯⋯⋯⋯⋯ 1
1.1.2 爬虫的原理 ⋯⋯⋯⋯⋯⋯⋯⋯⋯ 2
1.1.3 爬虫的合法性与 robot.txt 协议 ⋯⋯ 4

任务 1.2 认识反爬虫 ⋯⋯⋯⋯⋯⋯⋯⋯⋯⋯ 4
1.2.1 网站反爬虫的目的与手段 ⋯⋯⋯ 4
1.2.2 爬取策略制定 ⋯⋯⋯⋯⋯⋯⋯⋯ 5

任务 1.3 配置 Python 爬虫环境 ⋯⋯⋯⋯⋯ 6
1.3.1 Python 爬虫相关库介绍与配置 ⋯⋯ 7
1.3.2 配置 MySQL 数据库 ⋯⋯⋯⋯⋯⋯ 7
1.3.3 配置 MongoDB 数据库 ⋯⋯⋯⋯ 16

小结 ⋯⋯⋯⋯⋯⋯⋯⋯⋯⋯⋯⋯⋯⋯⋯⋯⋯⋯ 20
实训 Python 爬虫环境配置 ⋯⋯⋯⋯⋯⋯⋯⋯ 21
课后习题 ⋯⋯⋯⋯⋯⋯⋯⋯⋯⋯⋯⋯⋯⋯⋯⋯ 21

第2章 网络编程基础 ⋯⋯⋯⋯⋯⋯⋯⋯⋯⋯ 23

任务 2.1 认识 Python 网络编程 ⋯⋯⋯⋯⋯ 23
2.1.1 了解 Python 网络编程 Socket 库 ⋯⋯ 24
2.1.2 使用 Socket 库进行 TCP 编程 ⋯⋯ 26
2.1.3 使用 Socket 库进行 UDP 编程 ⋯⋯ 28

任务 2.2 认识 HTTP ⋯⋯⋯⋯⋯⋯⋯⋯⋯⋯ 29
2.2.1 熟悉 HTTP 请求方法与过程 ⋯⋯ 30
2.2.2 熟悉常见 HTTP 状态码 ⋯⋯⋯⋯ 32
2.2.3 熟悉 HTTP 头部信息 ⋯⋯⋯⋯⋯ 33
2.2.4 熟悉 Cookie ⋯⋯⋯⋯⋯⋯⋯⋯⋯ 39

小结 ⋯⋯⋯⋯⋯⋯⋯⋯⋯⋯⋯⋯⋯⋯⋯⋯⋯⋯ 41
实训 使用 Socket 库连接百度首页 ⋯⋯⋯⋯ 41
课后习题 ⋯⋯⋯⋯⋯⋯⋯⋯⋯⋯⋯⋯⋯⋯⋯⋯ 42

第3章 简单静态网页爬取 ⋯⋯⋯⋯⋯⋯⋯⋯ 43

任务 3.1 实现 HTTP 请求 ⋯⋯⋯⋯⋯⋯⋯⋯ 43
3.1.1 使用 urllib 3 库实现 ⋯⋯⋯⋯⋯⋯ 44
3.1.2 使用 Requests 库实现 ⋯⋯⋯⋯⋯ 47

任务 3.2 解析网页 ⋯⋯⋯⋯⋯⋯⋯⋯⋯⋯⋯ 52
3.2.1 使用 Chrome 开发者工具查看网页 ⋯ 52
3.2.2 使用正则表达式解析网页 ⋯⋯⋯ 58
3.2.3 使用 Xpath 解析网页 ⋯⋯⋯⋯⋯ 61
3.2.4 使用 Beautiful Soup 库解析网页 ⋯⋯ 66

任务 3.3 数据存储 ⋯⋯⋯⋯⋯⋯⋯⋯⋯⋯⋯ 74
3.3.1 将数据存储为 JSON 文件 ⋯⋯⋯ 74
3.3.2 将数据存储到 MySQL 数据库 ⋯⋯ 75

小结 ⋯⋯⋯⋯⋯⋯⋯⋯⋯⋯⋯⋯⋯⋯⋯⋯⋯⋯ 78
实训 ⋯⋯⋯⋯⋯⋯⋯⋯⋯⋯⋯⋯⋯⋯⋯⋯⋯⋯ 79
实训 1 生成 GET 请求并获取
指定网页内容 ⋯⋯⋯⋯⋯⋯⋯⋯ 79
实训 2 搜索目标节点并提取
文本内容 ⋯⋯⋯⋯⋯⋯⋯⋯⋯⋯ 79
实训 3 在数据库中建立新表并
导入数据 ⋯⋯⋯⋯⋯⋯⋯⋯⋯⋯ 80
课后习题 ⋯⋯⋯⋯⋯⋯⋯⋯⋯⋯⋯⋯⋯⋯⋯⋯ 80

第4章 常规动态网页爬取 ⋯⋯⋯⋯⋯⋯⋯⋯ 82

任务 4.1 逆向分析爬取动态网页 ⋯⋯⋯⋯⋯ 82
4.1.1 了解静态网页和动态网页的区别 ⋯⋯ 82
4.1.2 逆向分析爬取动态网页 ⋯⋯⋯⋯ 85

任务 4.2 使用 Selenium 库爬取
动态网页 ⋯⋯⋯⋯⋯⋯⋯⋯⋯⋯⋯⋯ 88
4.2.1 安装 Selenium 库及下载
浏览器补丁 ⋯⋯⋯⋯⋯⋯⋯⋯⋯ 88
4.2.2 打开浏览对象并访问页面 ⋯⋯⋯ 89
4.2.3 页面等待 ⋯⋯⋯⋯⋯⋯⋯⋯⋯⋯ 90
4.2.4 页面操作 ⋯⋯⋯⋯⋯⋯⋯⋯⋯⋯ 91
4.2.5 元素选取 ⋯⋯⋯⋯⋯⋯⋯⋯⋯⋯ 93

4.2.6 预期条件 …… 96
任务 4.3 存储数据至 MongoDB
         数据库 …… 98
  4.3.1 了解 MongoDB 数据库和 MySQL
         数据库的区别 …… 99
  4.3.2 将数据存储到 MongoDB 数据库 …… 100
小结 …… 103
实训 …… 103
实训 1 爬取网页 "http://www.ptpress.
        com.cn" 的推荐图书信息 …… 103
实训 2 爬取某网页的 Java
        图书信息 …… 104
实训 3 将数据存储到 MongoDB
        数据库中 …… 104
课后习题 …… 104

第 5 章 模拟登录 …… 106

任务 5.1 使用表单登录方法实现
         模拟登录 …… 106
  5.1.1 查找提交入口 …… 106
  5.1.2 查找并获取需要提交的表单数据 …… 108
  5.1.3 使用 POST 请求方法登录 …… 112
任务 5.2 使用 Cookie 登录方法
         实现模拟登录 …… 114
  5.2.1 使用浏览器 Cookie 登录 …… 115
  5.2.2 基于表单登录的 Cookie 登录 …… 117
小结 …… 119
实训 …… 119
实训 1 使用表单登录方法模拟
        登录数睿思论坛 …… 119
实训 2 使用浏览器 Cookie 模拟
        登录数睿思论坛 …… 120
实训 3 基于表单登录后的 Cookie
        模拟登录数睿思论坛 …… 120
课后习题 …… 120

第 6 章 终端协议分析 …… 122

任务 6.1 分析 PC 客户端抓包 …… 122

  6.1.1 了解 HTTP Analyzer 工具 …… 122
  6.1.2 爬取千千音乐 PC 客户端数据 …… 125
任务 6.2 分析 App 抓包 …… 126
  6.2.1 了解 Fiddler 工具 …… 127
  6.2.2 分析人民日报 App …… 130
小结 …… 132
实训 …… 133
实训 1 抓取千千音乐 PC 客户端
        的推荐歌曲信息 …… 133
实训 2 爬取人民日报 App 的旅游
        模块信息 …… 134
课后习题 …… 134

第 7 章 Scrapy 爬虫 …… 135

任务 7.1 认识 Scarpy …… 135
  7.1.1 了解 Scrapy 爬虫的框架 …… 135
  7.1.2 熟悉 Scrapy 的常用命令 …… 137
任务 7.2 通过 Scrapy 爬取文本
         信息 …… 138
  7.2.1 创建 Scrapy 爬虫项目 …… 138
  7.2.2 修改 items/pipelines 脚本 …… 140
  7.2.3 编写 spider 脚本 …… 143
  7.2.4 修改 settings 脚本 …… 148
任务 7.3 定制中间件 …… 152
  7.3.1 定制下载器中间件 …… 152
  7.3.2 定制 Spider 中间件 …… 156
小结 …… 157
实训 …… 157
实训 1 爬取 "http://www.tipdm.org"
        的所有新闻动态 …… 157
实训 2 定制 BdRaceNews 爬虫
        项目的中间件 …… 158
课后习题 …… 158

附录 A …… 160

附录 B …… 163

参考文献 …… 166

第 1 章 Python 爬虫环境与爬虫简介

随着互联网的快速发展，越来越多的信息被发布到互联网上。这些信息都被嵌入到各式各样的网站结构及样式当中，虽然搜索引擎可以辅助人们寻找到这些信息，但也拥有其局限性。通用的搜索引擎的目标是尽可能覆盖全网络，其无法针对特定的目的和需求进行索引。面对如今结构越来越复杂，且信息含量越来越密集的数据，通用的搜索引擎无法对其进行有效的发现和获取。在这样的环境和需求的影响下，网络爬虫应运而生，它为互联网数据的应用提供了新的方法。

学习目标

（1）认识爬虫的概念及原理。
（2）认识反爬虫的概念及对应爬取策略。
（3）掌握 Python 爬虫的环境配置方法。

任务 1.1　认识爬虫

任务描述

网络爬虫作为收集互联网数据的一种常用工具，近年来随着互联网的发展而快速发展。使用网络爬虫爬取网络数据首先需要了解网络爬虫的概念和主要分类，各类爬虫的系统结构、运作方式，常用的爬取策略，以及主要的应用场景，同时，出于版权和数据安全的考虑，还需了解目前有关爬虫应用的合法性及爬取网站时需要遵守的协议。

任务分析

（1）认识爬虫的概念。
（2）认识爬虫的原理。
（3）了解爬虫运作时应遵守的规则。

1.1.1　爬虫的概念

网络爬虫也被称为网络蜘蛛、网络机器人，是一个自动下载网页的计算机程序或自动化脚本。网络爬虫就像一只蜘蛛一样在互联网上爬行，它以一个被称为种子集的 URL 集合为起点，沿着 URL 的丝线爬行，下载每一个 URL 所指向的网页，分析页面内容，提取新的 URL 并记录下每个已经爬行过的 URL，如此往复，直到 URL 队列为空或满足设定的终止条件为止，最终达到遍历 Web 的目的。

1.1.2 爬虫的原理

网络爬虫按照其系统结构和运作原理，大致可以分为 4 种：通用网络爬虫、聚焦网络爬虫、增量式网络爬虫、深层网络爬虫。

1．通用网络爬虫

通用网络爬虫又称全网爬虫，其爬取对象由一批种子 URL 扩充至整个 Web，主要由搜索引擎或大型 Web 服务提供商使用。这类爬虫的爬取范围和数量都非常大，对于爬取的速度及存储空间的要求都比较高，而对于爬取页面的顺序要求比较低，通常采用并行工作的方式来应对大量的待刷新页面。

该类爬虫比较适合为搜索引擎搜索广泛的主题，常用的爬取策略可分为深度优先策略和广度优先策略。

（1）深度优先策略

该策略的基本方法是按照深度由低到高的顺序，依次访问下一级网页链接，直到无法再深入为止。在完成一个爬取分支后，返回上一节点搜索其他链接，当遍历完全部链接后，爬取过程结束。这种策略比较适合垂直搜索或站内搜索，缺点是当爬取层次较深的站点时会造成巨大的资源浪费。

（2）广度优先策略

该策略按照网页内容目录层次的深浅进行爬取，优先爬取较浅层次的页面。当同一层中的页面全部爬取完毕后，爬虫再深入下一层。比起深度优先策略，广度优先策略能更有效地控制页面爬取的深度，避免当遇到一个无穷深层分支时无法结束爬取的问题。该策略不需要存储大量的中间节点，但是缺点是需要较长时间才能爬取到目录层次较深的页面。

2．聚焦网络爬虫

聚焦网络爬虫又被称作主题网络爬虫，其最大的特点是只选择性地爬取与预设的主题相关的页面。与通用网络爬虫相比，聚焦爬虫仅需爬取与主题相关的页面，极大地节省硬件及网络资源，能更快地更新保存的页面，更好地满足特定人群对特定领域信息的需求。

按照页面内容和链接的重要性评价，聚焦网络爬虫策略可分为以下 4 种。

（1）基于内容评价的爬取策略

该策略将用户输入的查询词作为主题，包含查询词的页面被视为与主题相关的页面。其缺点为，仅包含查询词，无法评价页面与主题的相关性。

（2）基于链接结构评价的爬取策略

该策略将包含很多结构信息的半结构化文档 Web 页面用来评价链接的重要性，其中，一种广泛使用的算法为 PageRank 算法，该算法可用于排序搜索引擎信息检索中的查询结构，也可用于评价链接重要性，其每次选择 PageRank 值较大页面中的链接进行访问。

（3）基于增强学习的爬取策略

该策略将增强学习引入聚焦爬虫，利用贝叶斯分类器基于整个网页文本和链接文本来对超链接进行分类，计算每个链接的重要性，按照重要性决定链接的访问顺序。

（4）基于语境图的爬取策略

该策略通过建立语境图来学习网页之间的相关度，具体方法是，计算当前页面到相关页面的距离，距离越近的页面中的链接越优先访问。

3. 增量式网络爬虫

增量式网络爬虫只对已下载网页采取增量式更新，或只爬取新产生的及已经发生变化的网页，这种机制能够在某种程度上保证所爬取的页面尽可能的新。与其他周期性爬取和刷新页面的网络爬虫相比，增量式网络爬虫仅在需要的时候爬取新产生或者有更新的页面，而没有变化的页面则不进行爬取，能有效地减少数据下载量并及时更新已爬取过的网页，减少时间和存储空间上的浪费，但该算法的复杂度和实现难度更高。

增量式网络爬虫需要通过重新访问网页来对本地页面进行更新，从而保持本地集中存储的页面为最新页面，常用的方法有以下 3 种。

（1）统一更新法

爬虫以相同的频率访问所有网页，不受网页本身的改变频率的影响。

（2）个体更新法

爬虫根据个体网页的改变频率来决定重新访问各页面的频率。

（3）基于分类的更新法

爬虫按照网页变化频率将网页分为更新较快的网页和更新较慢的网页，并分别设定不同的频率来访问这两类网页。

为保证本地集中页面的质量，增量式网络爬虫需要对网页的重要性进行排序，常用的策略有广度优先策略和 PageRank 优先策略，其中，广度优先策略按照页面的深度层次进行排序，PageRank 优先策略按照页面的 PageRank 值进行排序。

4. 深层网络爬虫

Web 页面按照存在方式可以分为表层页面和深层页面两类。表层页面是指传统搜索引擎可以索引到的页面，以超链接可以到达的静态页面为主。深层页面是指大部分内容无法通过静态链接获取，隐藏在搜索表单后的，需要用户提交关键词后才能获得的 Web 页面，如一些登录后可见的网页。深层页面中可访问的信息量为表层页面中的几百倍，为目前互联网上发展最快和最大的新型信息资源。

深层网络爬虫爬取数据过程中，最重要的部分就是表单填写，包含以下两种类型。

（1）基于领域知识的表单填写

该方法一般会维持一个本体库，并通过语义分析来选取合适的关键词填写表单。该方法将数据表单按语义分配至各组中，对每组从多方面进行注解，并结合各组注解结果预测最终的注解标签。该方法也可以利用一个预定义的领域本体知识库来识别深层页面的内容，并利用来自 Web 站点的导航模式识别自动填写表单时所需进行的路径导航。

（2）基于网页结构分析的表单填写

该方法一般无领域知识或仅有有限的领域知识，其将 HTML 网页表示为 DOM 树形式，将表单区分为单属性表单和多属性表单，分别进行处理，从中提取表单各字段值。

1.1.3 爬虫的合法性与 robot.txt 协议

1. 爬虫的合法性

网络爬虫领域现在还处于早期的拓荒阶段,虽然已经由互联网行业自身的协议建立起一定的道德规范,但法律部分还在建立和完善中。

目前,多数网站允许将爬虫爬取的数据用于个人使用或者科学研究。但如果将爬取的数据用于其他用途,尤其是转载或者商业用途,则依据各网站的具体情况有不同的后果,严重的将会触犯法律或者引起民事纠纷。

同时,也需要注意,以下两种数据是不能爬取的,更不能用于商业用途。

(1)个人隐私数据,如姓名、手机号码、年龄、血型、婚姻情况等,爬取此类数据将会触犯个人信息保护法。

(2)明确禁止他人访问的数据,例如,用户设置过权限控制的账号、密码或加密过的内容等。

另外,还需注意版权相关问题,有作者署名的受版权保护的内容不允许爬取后随意转载或用于商业用途。

2. robot.txt 协议

当使用爬虫爬取网站的数据时,需要遵守网站所有者针对所有爬虫所制定的协议,这便是 robot.txt 协议。

该协议通常存放在网站根目录下,里面规定了此网站中哪些内容可以被爬虫获取,以及哪些网页内容是不允许爬虫获取的。robot.txt 协议并不是一份规范,只是一个约定俗成的协议。爬虫应当遵守这份协议,否则很可能会被网站所有者封禁 IP,甚至网站所有者会采取进一步法律行动。在著名的百度与 360 的爬虫之争中,由于 360 没有遵守百度的 robot.txt 协议,爬取了百度网站的内容,而最终被判处 70 万元的罚款。

由于爬虫爬取网站时模拟的是用户的访问行为,所以必须约束自己的行为,接受网站所有者的规定,避免引起不必要的麻烦。

任务 1.2 认识反爬虫

任务描述

网站所有者并不欢迎爬虫,往往会针对爬虫做出限制措施。爬虫制作者需要了解网站所有者反爬虫的原因和想要通过反爬虫达成的目的,并针对网站常用的爬虫检测方法和反爬虫手段,制定相应的爬取策略来规避网站的检测和限制。

任务分析

(1)了解反爬虫的目的和常用手段。
(2)针对反爬虫的常用手段制定相应的爬取策略。

1.2.1 网站反爬虫的目的与手段

网站所有者从所有网站来访者中识别出爬虫并对其做出相应处理(通常为封禁 IP)的过程,被称为反爬虫。对于网站所有者而言,爬虫并不是一个受欢迎的客人。爬虫会消耗

第 1 章　Python 爬虫环境与爬虫简介

大量的服务器资源，影响服务器的稳定性，增加运营的网络成本。可供免费查询的资源也有极大可能被竞争对手使用爬虫爬走，造成竞争力下降。以上种种因素导致网站所有者非常反感爬虫，想方设法阻止爬虫爬取自家网站的数据。

爬虫的行为与普通用户访问网站的行为极为类似，网站所有者在进行反爬虫时会尽可能地减少对普通用户的干扰。网站针对爬虫的检测方法通常分为以下几种。

1. 通过 User-Agent 校验反爬

浏览器在发送请求时，会附带一部分浏览器及当前系统环境的参数给服务器，这部分数据放在 HTTP 请求的 Headers 部分，Headers 的表现形式为 key-value 对，其中，User-Agent 标示一个浏览器的型号，图 1-1 所示为 Chrome 浏览器中某网页的 User-Agent。服务器会通过 User-Agent 的值来区分不同的浏览器。

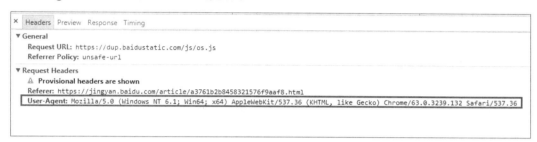

图 1-1　Chrome 浏览器中某网页的 User-Agent

2. 通过访问频度反爬

普通用户通过浏览器访问网站的速度相对爬虫而言要慢得多，所以不少网站会利用这一点对访问频度设定一个阈值，如果一个 IP 单位时间内的访问频度超过预设的阈值，则网站将会对该 IP 做出访问限制。通常情况下，该 IP 需要经过验证码验证后才能继续正常访问，严重时，网站甚至会在一段时间内禁止该 IP 的访问。

3. 通过验证码校验反爬

与通过访问频度反爬不同，有部分网站不论访问频度如何，一定要来访者输入验证码才能继续操作。例如，在 12306 网站上，不管是登录还是购票，全部需要验证验证码，与访问频度无关。

4. 通过变换网页结构反爬

一些社交网站常常会更换网页结构，而爬虫大部分情况下都需要通过网页结构来解析需要的数据，所以这种做法也能起到反爬虫的作用。在网页结构变换后，爬虫往往无法在原本的网页位置找到原本需要的内容。

5. 通过账号权限反爬

还有部分网站需要登录才能继续操作，这部分网站虽然并不是为反爬虫才要求登录操作的，但确实起到了反爬虫的作用。

1.2.2　爬取策略制定

针对 1.2.1 节介绍的常见的反爬虫手段，可以制定相应的爬取策略。

Python 网络爬虫技术

1. 发送模拟 User-Agent

爬虫可通过发送模拟 User-Agent 来通过服务器的 User-Agent 检验，模拟 User-Agent 指的是，将要发送至网站服务器的请求的 User-Agent 值伪装成一般用户登录网站时使用的 User-Agent 值。通过这种方法能很好地规避服务器检验，有时有些服务器可能会禁止某种特定组合的 User-Agent 值，这时就需要通过手动指定来进行测试，直到试出服务器所禁止的组合，再进行规避即可。

2. 调整访问频度

目前，大部分网站都会通过 User-Agent 值做基础反爬检验，在此基础上，还有部分网站会再设置访问频度阈值，并通过访问频度反爬。爬虫爬取此类网站时，如果设置的访问频度不当，则有极大可能会遭到封禁或需要输入验证码，所以需要通过备用 IP 测试网站的访问频度阈值，然后设置比阈值略低的访问频度。这种方法既能保证爬取的稳定性，又能使效率不至于过于低下。如果仍然觉得访问频度设置得不足以满足需求，那么可以考虑使用异步爬虫和分布式爬虫。

3. 通过验证码校验

若因为访问频度问题导致需要通过验证码检验，则按照访问频度的方案实施即可，也可以通过使用 IP 代理或更换爬虫 IP 的方法来规避反爬虫。但对于一定要输入验证码才能进行操作的网站，则只能通过算法识别验证码或使用 Cookie 绕过验证码才能进行后续操作。需要注意的是，Cookie 有可能过期，过期的 Cookie 无法使用。

4. 应对网站结构变化

根据爬取需求，应对这类网站的方法可分为两种：如果只爬取一次，那么要尽量赶在其网站结构调整之前，将需要的数据全部爬取下来；如果需要持续性爬取，那么可以使用脚本对网站结构进行监测，若结构发生变化，则发出告警并及时停止爬虫，避免爬取过多无效数据。

5. 通过账号权限限制

对于需要登录的网站，可通过模拟登录的方法进行规避。模拟登录时除需要提交账号和密码外，往往也需要通过验证码检验。

6. 通过代理 IP 规避

网站识别爬虫进行反爬虫的一个常用标识就是 IP，通过代理进行 IP 更换能够有效地规避网站的检测。需要注意的是，公用 IP 代理池往往已经被网站所有者识别为重点监测对象，使用这些公用 IP 代理时需要注意。

任务 1.3　配置 Python 爬虫环境

任务描述

Python 中整合了许多用于爬虫开发的库，使用 Python 开发爬虫需要了解 Python 中常用的爬虫库，各爬虫库的特性、功能和配置方法。爬虫爬取的数据需要存储在数据库中，本任务可使读者了解在 Windows 和 Linux 环境下的 MySQL 数据库和 MongoDB 数据库的

第 1 章 Python 爬虫环境与爬虫简介

配置方法。

任务分析

（1）了解 Python 中常用的爬虫库。
（2）掌握 MySQL 数据库的配置方法。
（3）掌握 MongoDB 数据库的配置方法。

1.3.1 Python 爬虫相关库介绍与配置

目前，Python 有着形形色色的与爬虫相关的库，按照库的功能，整理可得表 1-1。

表 1-1 与爬虫相关的库

类 型	库 名	简 介
通用	urllib	urllib 是 Python 内置的 HTTP 请求库，提供一系列用于操作 URL 的功能
	Requests	基于 urllib，采用 Apache2 Licensed 开源协议的 HTTP 库
	urllib 3	urllib 3 提供很多 Python 标准库里所没有的重要特性：线程安全，连接池，客户端 SSL/TLS 验证，文件分部编码上传，协助处理重复请求和 HTTP 重定位,支持压缩编码,支持 HTTP 和 SOCKS 代理,100% 测试覆盖率
框架	Scrapy	Scrapy 是一个为爬取网站数据、提取结构性数据而编写的应用框架。可应用在数据挖掘、信息处理或历史数据存储等一系列的程序中
HTML/XML 解析器	lxml	C 语言编写的高效 HTML/XML 处理库，支持 XPath
	Beautiful Soup 4	纯 Python 实现的 HTML/XML 处理库，效率相对较低

除 Python 自带的 urllib 库外，Requests、urllib 3、Scrapy、lxml 和 Beautiful Soup 4 等库都可以通过 pip 工具进行安装。pip 工具支持直接在命令行上运行，但需将 Python 安装路径下的 scripts 目录加入到环境变量 Path 中。另外，pip 工具支持指定版本库的安装，通过使用==、>=、<=、>、<符号来指定版本号。同时，如果有 requirements.txt 文件，也可使用 pip 工具来调用。使用 pip 工具安装 Requests 库的程序如代码 1-1 所示。

代码 1-1 使用 pip 工具安装 Requests 库

```
pip install requests  # 安装 Requests 库
pip install 'requests <2.19.0'  # 安装特定版本的 Requests 库
pip install 'requests >2.18.3,<2.19.0'
pip install -r requirements.txt  # 调用 requirements.txt 文件
```

1.3.2 配置 MySQL 数据库

MySQL 是目前广泛应用的关系型数据库管理系统之一，由瑞典 MySQL AB 公司开发，现属于 Oracle 公司。关系型数据库将数据保存在不同的表中，来增加运行速度和存储的灵活性。由于 MySQL 数据库具备体积小、速度快、成本低、开放源码等特点，中小型网站的开发多数都选择 MySQL 这类开源数据库用于网站数据支持。爬虫爬取的网页信息（如 URL、文字信息等）经过整理后存储在数据库中，格式化后的存储在关系型数据库中的数据可供后续解析程序或者其他程序复用。

1．Windows 操作系统上 MySQL 配置

本小节使用的 MySQL 版本为社区版本 mysql-installer-community-5.6.39.0，是一个免费版本，可依据需求选择更旧或更新的版本。在 64 位的 Windows 操作系统上，安装该版本 MySQL 的具体步骤如下。

（1）双击打开 msi 安装包，勾选"I accept the license terms"选项，如图 1-2 所示。单击"Next"按钮后进入产品安装选择界面。

（2）单击"Edit"按钮，在弹出框中选择"64-bit"选项，之后单击"Filter"按钮，如图 1-3 所示。

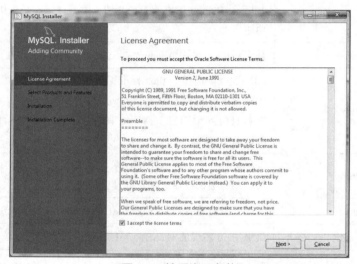

图 1-2　接受许可条款

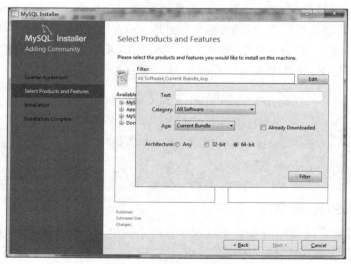

图 1-3　选择 64 位版本

（3）在图 1-4 左侧栏内选择需要安装的程序，单击中间的向右箭头移至安装栏内。

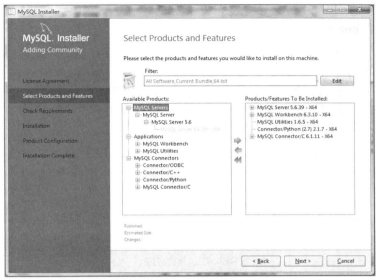

图 1-4　选择需要安装的程序

（4）单击图 1-4 所示的"Next"按钮，检测系统上是否安装有相关依赖的软件，若没有安装，则会出现类似图 1-5 所示的界面。

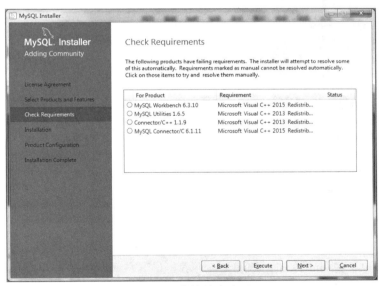

图 1-5　依赖软件确认页面

（5）单击图 1-5 所示的"Next"按钮后，进入安装确认步骤，将被安装的程序会显示在框内，单击"Execute"按钮开始安装，如图 1-6 所示。

（6）安装完成后，还需配置服务，对于一般用户来说，在"Config Type"一栏中选择"Development Machine"即可，MySQL 的默认端口为 3306，如图 1-7 所示。

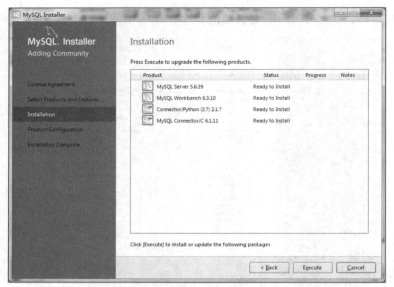

图 1-6　安装确认并执行

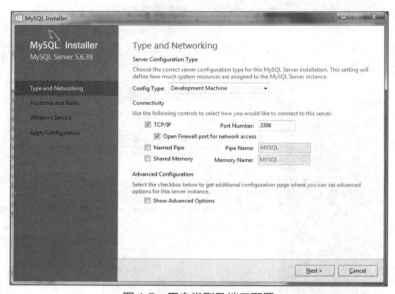

图 1-7　用户类型及端口配置

（7）设置 root 账户的密码，单击"Add User"按钮可添加一个具有普通用户权限的 MySQL 用户账户，也可不添加，如图 1-8 所示。

（8）勾选"Configure MySQL Server as a Windows Service"选项后，将以系统用户的身份运行 Windows 服务，在 Windows 下，MySQL 的默认服务名为 MySQL56，如图 1-9 所示。

（9）进入设置应用服务配置步骤，单击"Execute"按钮开始执行，如图 1-10 所示。

（10）执行成功的应用服务配置将变为绿色的勾选状态，单击图 1-11 所示的"Finish"按钮完成配置过程，则会弹出图 1-12 所示的安装完成界面。

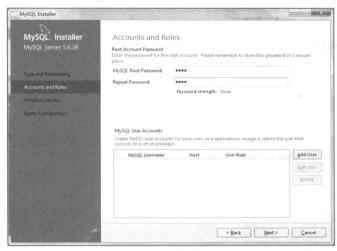

图 1-8　设置账户及密码

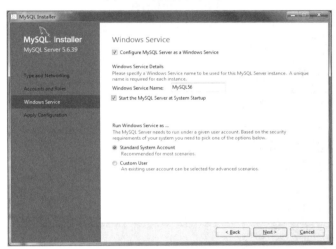

图 1-9　Windows 服务配置

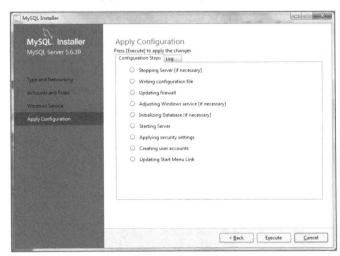

图 1-10　设置应用服务配置

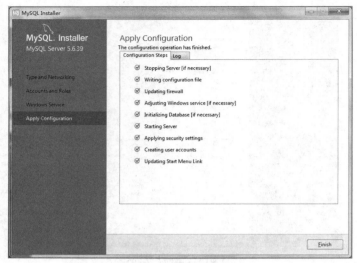

图 1-11　完成配置过程

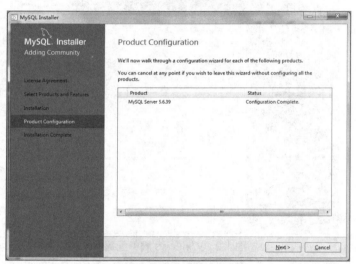

图 1-12　安装完成界面

安装完成后还需要配置 MySQL 的环境变量，步骤如下。

（1）打开"环境变量"对话框。右键单击"我的电脑"图标，单击菜单中的"属性"栏，之后在弹出的"系统"对话框中，单击左侧的图 1-13 所示的"高级系统设置"按钮。在弹出的图 1-14 的"系统属性"对话框中，单击"环境变量"按钮，即可弹出"环境变量"对话框，如图 1-15 所示。

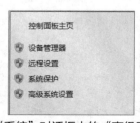

图 1-13　"系统"对话框中的"高级系统设置"

第 1 章　Python 爬虫环境与爬虫简介

图 1-14　"系统属性"对话框　　　　　　图 1-15　"环境变量"对话框

（2）设置 MySQL 的环境变量。设置环境变量有以下两种方法。

① 单击"环境变量"对话框中系统变量的"新建"按钮，在弹出的"新建系统变量"对话框中，在"变量名"后填写"MYSQL_HOME"，在"变量值"后填写"C:\Program Files\MySQL\MySQL Server 5.6"，其中，MySQL 默认安装在 C:\Program Files 路径下，如图 1-16 所示。而后在"变量值"的 Path 变量后面添加"%MYSQL_HOME%\bin"即可，如图 1-17 所示。

图 1-16　添加 MYSQL_HOME 变量　　　　图 1-17　修改 Path 变量

② 直接在"变量值"中添加"C:\Program Files\MySQL\MySQL Server 5.6\bin"，即直接添加 MySQL 安装目录下的 bin 配置到"Path"变量下，如图 1-18 所示。

图 1-18　直接添加到 Path 变量

配置环境变量后，可使用管理员权限运行命令提示符，使用"net start mysql56"命令启动 MySQL 服务，其中，"mysql56"需要与安装的 MySQL 版本一致。使用"net stop mysql56"命令可关闭 MySQL 服务，如图 1-19 所示。

图 1-19 启动与关闭 SQL 服务

2. Linux 操作系统上 MySQL 配置

本节使用的 Linux 版本为 CentOS 7，使用"yum"命令安装 mysql-community-5.6.40 版本的 MySQL 数据库的具体步骤如下。

（1）切换至 root 用户，使用"rpm -qa | grep mysql"命令查看是否已经安装 MySQL 数据库，如果没有安装，则没有显示，如果原本有安装，则可使用"rpm -e mysql"命令进行卸载。在没有安装时使用该命令，将显示如图 1-20 所示的错误信息。

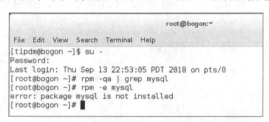

图 1-20 查看是否已安装 MySQL 数据库

（2）由于 CentOS 7 上将 MySQL 从默认软件列表中移除，用 MariaDB 来代替，所以必须要去官网上进行下载，在官网上找到下载链接，用"wget http://dev.mysql.com/get/mysql-community-release-el7-5.noarch.rpm"命令打开下载链接，如图 1-21 所示。

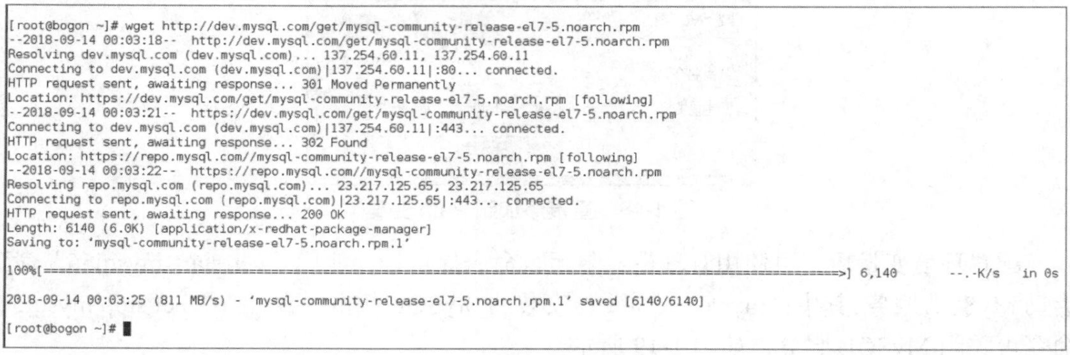

图 1-21 打开下载链接

（3）下载完成后，使用"rpm -ivh mysql-community-release-el7-5.noarch.rpm"命令进行

加载，之后运行“yum -y install mysql mysql-server mysql-devel”命令进行安装，如图 1-22 所示。

```
[root@bogon ~]# rpm -ivh mysql-community-release-el7-5.noarch.rpm
Preparing...                          ################################# [100%]
        package mysql-community-release-el7-5.noarch is already installed
[root@bogon ~]# yum -y install mysql mysql-server mysql-devel
Loaded plugins: fastestmirror, langpacks
Loading mirror speeds from cached hostfile
 * base: mirrors.aliyun.com
 * extras: mirrors.cn99.com
 * updates: mirrors.163.com
Resolving Dependencies
--> Running transaction check
---> Package mysql-community-client.x86_64 0:5.6.41-2.el7 will be installed
--> Processing Dependency: mysql-community-libs(x86-64) >= 5.6.10 for package: mysql-community-client-5.6.41-2.el7.x86_64
---> Package mysql-community-devel.x86_64 0:5.6.41-2.el7 will be installed
---> Package mysql-community-server.x86_64 0:5.6.41-2.el7 will be installed
--> Processing Dependency: mysql-community-common(x86-64) = 5.6.41-2.el7 for package: mysql-community-server-5.6.41-2.el7.x86_64
--> Running transaction check
---> Package mysql-community-common.x86_64 0:5.6.41-2.el7 will be installed
---> Package mysql-community-libs.x86_64 0:5.6.41-2.el7 will be installed
--> Finished Dependency Resolution
```

图 1-22 安装 MySQL 数据库

（4）安装完成后，再次运行“yum -y install mysql mysql-server mysql-devel”命令和“rpm -qa | grep mysql”命令进行确认，如图 1-23 所示。

```
[root@bogon ~]# yum -y install mysql mysql-server mysql-devel
Loaded plugins: fastestmirror, langpacks
Loading mirror speeds from cached hostfile
 * base: mirrors.cn99.com
 * extras: mirror.bit.edu.cn
 * updates: mirrors.cn99.com
Package mysql-community-client-5.6.40-2.el7.x86_64 already installed and latest version
Package mysql-community-server-5.6.40-2.el7.x86_64 already installed and latest version
Package mysql-community-devel-5.6.40-2.el7.x86_64 already installed and latest version
Nothing to do
[root@bogon ~]# rpm -qa | grep mysql
mysql-community-libs-5.6.40-2.el7.x86_64
mysql-community-release-el7-5.noarch
mysql-community-server-5.6.40-2.el7.x86_64
mysql-community-client-5.6.40-2.el7.x86_64
mysql-community-devel-5.6.40-2.el7.x86_64
mysql-community-common-5.6.40-2.el7.x86_64
```

图 1-23 确认安装成功

（5）使用 MySQL 数据库前，需要使用“service mysqld start”命令启用 MySQL 服务，如图 1-24 所示。

```
[root@bogon ~]# service mysqld start
Redirecting to /bin/systemctl start  mysqld.service
[root@bogon ~]#
```

图 1-24 启用 MySQL 服务

（6）运行“mysql -u root -p”命令进入 MySQL 客户端，如图 1-25 所示，密码默认为空，可使用“help”或“\h”命令查看帮助。

```
[root@bogon ~]# mysql -u root -p
Enter password:
ERROR 1045 (28000): Access denied for user 'root'@'localhost' (using password: YES)
[root@bogon ~]# mysql -u root -p
Enter password:
Welcome to the MySQL monitor.  Commands end with ; or \g.
Your MySQL connection id is 3
Server version: 5.6.41 MySQL Community Server (GPL)

Copyright (c) 2000, 2018, Oracle and/or its affiliates. All rights reserved.

Oracle is a registered trademark of Oracle Corporation and/or its
affiliates. Other names may be trademarks of their respective
owners.

Type 'help;' or '\h' for help. Type '\c' to clear the current input statement.

mysql> 
```

图 1-25 进入 MySQL 客户端

1.3.3 配置 MongoDB 数据库

MongoDB 数据库于 2009 年 2 月由 10gen 团队（现为 MongoDB.Inc）首度推出，由 C++ 编写而成，是一种文档导向的数据库管理系统。MongoDB 介于关系型数据库和非关系型数据库之间，是最为接近关系型数据库的、功能最丰富的非关系型数据库。由于其支持的数据结构非常松散，因此可以存储较为复杂的数据类型。MongoDB 最大的特点是，支持的查询语言非常强大，其语法有点类似面向对象的查询语言，几乎可以实现类似关系型数据库单表查询的绝大部分功能，还支持对数据建立索引。

与关系型数据库不同的是，MongoDB 不再有预定义模式（Predefined Schema），文档的键（Key）和值（Value）不再是固定的类型和大小。由于没有固定的模式，根据需要添加或删除字段变得更容易，这适合需要爬取较为复杂结构数据的爬虫。

1. Windows 下 MongoDB 配置

MongoDB 的官网提供了多种版本可供下载，本节使用的是 64 位的 3.4 版本：mongodb-win32-x86_64-2008plus-ssl-v3.4-latest-signed.msi。相比 MySQL，MongoDB 的安装过程比较简单。MongoDB 的安装及具体配置过程如下。

（1）打开 msi 安装包，勾选"I accept the terms in the License Agreement"选项，如图 1-26 所示，单击"Next"按钮。

（2）安装程序提供了两种安装模式：完整（Complete）模式和定制（Custom）模式。其中，完整（Complete）模式会将全部内容安装在 C 盘路径且无法更改，若要更改安装路径则需要选择定制（Custom）模式，如图 1-27 所示。

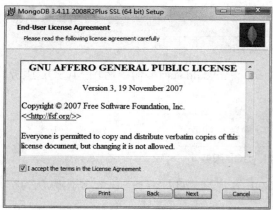
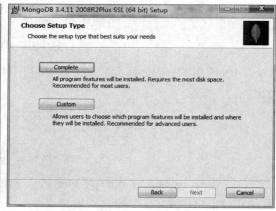

图 1-26　勾选同意许可条款　　　　　图 1-27　选择安装模式

（3）单击"Custom"按钮进入定制模式，在定制模式下可选择安装路径和需要安装的部件，单击"Browse"按钮可以选择安装路径，单击"Next"按钮即可开始安装过程，如图 1-28 所示。

（4）安装完成后，需进入安装目录，建立 data 和 logs 文件夹分别存放数据和 log 文件，还需创建一个 mongo.conf 配置文件，如图 1-29 所示，配置文件内容及相关解释如表 1-2 所示。

第 1 章　Python 爬虫环境与爬虫简介

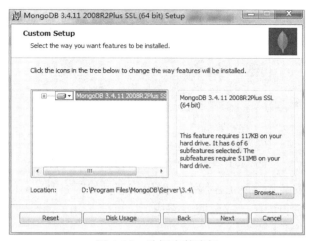

图 1-28　选择安装路径

图 1-29　添加 data、log 文件夹及 mongo.conf 配置文件

表 1-2　mongo.conf 配置文件内容

配置文件内容	解　释
dbpath=D:\Program Files\MongoDB\data	数据库路径
logpath=D:\Program Files\MongoDB\logs\mongo.log	日志文件输出路径
logappend=true	错误日志采用追加模式
journal=true	启用日志文件，默认启用
quiet=true	该选项可过滤掉一些无用的日志信息，若需要调试使用，请设置为 false
port=27017	端口号，默认为 27017

（5）在 logs 文件夹内创建一个名为 mongo.log 的日志文件，内容留空即可，如图 1-30 所示。

图 1-30　创建 mongo.log 日志文件

（6）在系统变量"Path"中添加 MongoDB 的路径，如"D:\Program Files\MongoDB\Server\3.4\bin"，如图 1-31 所示。

图 1-31　添加 MongoDB 路径至 Path 变量

（7）此外，还需安装 MongoDB 服务。使用管理员权限打开 CMD 启动控制台，输入如代码 1-2 所示的命令进行安装，安装服务完毕后，可使用相关命令对服务进行开启和关闭，如图 1-32 所示。

代码 1-2　创建、开启及关闭服务

```
# 创建、开启及关闭服务命令
cd /d D:\Program Files\MongoDB\Server\3.4\bin      # 切换至安装目录下
mongod --config "D:\Program Files\MongoDB\mongo.conf" --install --serviceName "MongoDB"   # 安装服务
net start MongoDB    # 开启服务
net stop MongoDB     # 关闭服务
```

图 1-32　创建、启动及关闭服务

（8）服务启动后，在浏览器中输入"http://127.0.0.1:27017"，若出现图 1-33 所示的字样，则说明启动成功。

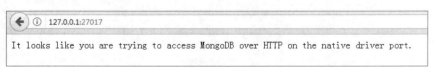

图 1-33　启动成功

2. Linux 下 MongoDB 配置

在 Linux 环境下，本节选用 mongodb-linux-x86_64-rhel70-3.4.11 版本的 MongoDB 数据库，安装该版本的 MongoDB 数据库的具体步骤如下。

（1）使用“sudo wget http://downloads.mongodb.org/linux/mongodb-linux-x86_64-rhel70-3.4.11.tgz”命令从官网的下载链接获取 MongoDB 数据库的 tar 包，如图 1-34 所示。

```
[root@bogon ~]# sudo wget http://downloads.mongodb.org/linux/mongodb-linux-x86_6
4-rhel70-3.4.11.tgz
--2018-09-14 00:44:06--  http://downloads.mongodb.org/linux/mongodb-linux-x86_64
-rhel70-3.4.11.tgz
Resolving downloads.mongodb.org (downloads.mongodb.org)... 52.85.80.125, 52.85.8
0.85, 52.85.80.205, ...
Connecting to downloads.mongodb.org (downloads.mongodb.org)|52.85.80.125|:80...
connected.
HTTP request sent, awaiting response... 200 OK
Length: 100853011 (96M) [application/x-gzip]
Saving to: 'mongodb-linux-x86_64-rhel70-3.4.11.tgz.1'

100%[=========================================================================
==================================>] 100,853,011  304KB/s   in 4m 16s

2018-09-14 00:48:24 (385 KB/s) - 'mongodb-linux-x86_64-rhel70-3.4.11.tgz.1' save
d [100853011/100853011]

[root@bogon ~]# █
```

图 1-34　从官网获取 MongoDB 数据库的 tar 包

（2）使用“sudo tar zxvf mongodb-linux-x86_64-rhel70-3.4.11.tgz”命令将下载的 tar 包进行解压，并使用“sudo mv mongodb-linux-x86_64-rhel70-3.4.11 mongodb”和“sudo cp -R mongodb /usr/local”命令将其复制到“/usr/local/”路径下，如图 1-35 所示。

```
[root@bogon ~]# sudo tar zxvf mongodb-linux-x86_64-rhel70-3.4.11.tgz
mongodb-linux-x86_64-rhel70-3.4.11/README
mongodb-linux-x86_64-rhel70-3.4.11/THIRD-PARTY-NOTICES
mongodb-linux-x86_64-rhel70-3.4.11/MPL-2
mongodb-linux-x86_64-rhel70-3.4.11/GNU-AGPL-3.0
mongodb-linux-x86_64-rhel70-3.4.11/bin/mongodump
mongodb-linux-x86_64-rhel70-3.4.11/bin/mongorestore
mongodb-linux-x86_64-rhel70-3.4.11/bin/mongoexport
mongodb-linux-x86_64-rhel70-3.4.11/bin/mongoimport
mongodb-linux-x86_64-rhel70-3.4.11/bin/mongostat
mongodb-linux-x86_64-rhel70-3.4.11/bin/mongotop
mongodb-linux-x86_64-rhel70-3.4.11/bin/bsondump
mongodb-linux-x86_64-rhel70-3.4.11/bin/mongofiles
mongodb-linux-x86_64-rhel70-3.4.11/bin/mongooplog
mongodb-linux-x86_64-rhel70-3.4.11/bin/mongoreplay
mongodb-linux-x86_64-rhel70-3.4.11/bin/mongoperf
mongodb-linux-x86_64-rhel70-3.4.11/bin/mongod
mongodb-linux-x86_64-rhel70-3.4.11/bin/mongos
mongodb-linux-x86_64-rhel70-3.4.11/bin/mongo
[root@bogon ~]# sudo mv mongodb-linux-x86_64-rhel70-3.4.11 mongodb
[root@bogon ~]# sudo cp -R mongodb /usr/local
[root@bogon ~]# █
```

图 1-35　解压安装包并复制到指定路径

（3）切换至“/usr/local/mongodb/bin”路径下，使用“sudo vim mongodb.conf”命令创建 MongoDB 数据库配置文件，并输入以下内容，如图 1-36 所示。

```
dbpath=/usr/local/mongodb/data/db
logpath=/usr/local/mongodb/data/logs/mongodb.log
logappend=true
fork=ture
port=27017
nohttpinterface = ture
```

```
#auth=ture
```

图 1-36　MongoDB 配置文件

（4）切换回"/usr/local/mongodb"路径下，依次运行"sudo mkdir data""cd data""sudo mkdir db""sudo mkdir logs"命令创建文件夹，如图 1-37 所示。

图 1-37　在指定目录创建文件夹

（5）再次切换至"/usr/local/mongodb/bin"路径下，运行"sudo ./mongod -f mongodb.conf"命令启动 MongoDB，如图 1-38 所示。

图 1-38　启动 MongoDB

（6）打开浏览器，输入"http://127.0.0.1:27017"，若出现图 1-39 中的信息，则说明启动成功。

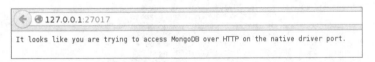

图 1-39　MongoDB 启动成功

小结

本章对爬虫和反爬虫进行了一个基本概述，同时简要介绍了 Python 爬虫环境。本章的主要内容如下。

（1）爬虫是一种可以自动下载网页的脚本或计算机工具，可大致分为 4 种运作原理，用于个人或学术研究的爬虫通常是合法的。

（2）反爬虫为网站针对爬虫进行检测和限制的过程，爬虫需针对反爬虫手段制定相应的爬取策略。

（3）Python 中常用于爬虫的库包含 urllib、Requests、urllib 3、Scrapy、lxml 和 Beautiful Soup 4 等，通常需要配套数据库用于存储爬取的数据。

第 1 章　Python 爬虫环境与爬虫简介

实训　Python 爬虫环境配置

在用户本机上配置 Python 常用爬虫库和对应操作系统的数据库。

1. 训练要点

（1）掌握使用 pip 工具安装 urllib 3 库。
（2）掌握使用 pip 工具安装 Requests 库。
（3）掌握使用 pip 工具安装 lxml 库。
（4）掌握使用 pip 工具安装 Beautiful Soup 4 库。
（5）掌握使用 pip 工具安装 Scrapy 框架。
（6）掌握在 Windows 操作系统上安装及配置 MySQL 数据库。
（7）掌握在 Windows 操作系统上安装及配置 MongoDB 数据库。
（8）掌握在 Linux 操作系统上安装及配置 MySQL 数据库。
（9）掌握在 Linux 操作系统上安装及配置 MongoDB 数据库。

2. 需求说明

使用 pip 工具安装常用的爬虫库至 Python 3.6，包括 Requests、urllib 3、Scrapy、lxml 和 Beautiful Soup 4。在用户本机的 Windows 操作系统上安装及配置 MySQL 数据库和 MongoDB 数据库。在用户本机的 Linux 操作系统上安装及配置 MySQL 数据库和 MongoDB 数据库。

3. 实现思路及步骤

（1）将"scripts"目录加入到环境变量"Path"中。
（2）使用管理员权限打开命令行工具 CMD。
（3）使用 pip 工具，依次安装 urllib 3、Requests、Beautiful Soup 4、lxml 和 Scrapy。
（4）在官网下载 MySQL 社区版本的 5.6.39.0 版的安装软件包，以及 64 位 MongoDB 3.4 版的安装软件包。
（5）参考 1.3.2 节中的安装方法安装 MySQL，并启动 MySQL 服务。
（6）参考 1.3.3 节中的配置方法安装 MongoDB，并对服务进行配置，然后启动测试。

课后习题

选择题

（1）下列不属于常见爬虫类型的是（　　）。
　　A．通用网络爬虫　　　　　　B．增量式网络爬虫
　　C．浅层网络爬虫　　　　　　D．聚焦网络爬虫
（2）下列不属于聚焦网络爬虫的常用策略的是（　　）。
　　A．基于深度优先的爬取策略
　　B．基于内容评价的爬取策略
　　C．基于链接结构评价的爬取策略
　　D．基于语境图的爬取策略

（3）下列不属于常用反爬虫手段的是（　　）。
　　　A．访问频度　　　B．验证码校验　　C．账号权限　　　　D．人工筛选
（4）下列属于反爬虫目的的是（　　）。
　　　A．限制访问人数　　　　　　　　　B．防止网站信息被竞争对手随意获取
　　　C．限制用户访问权限　　　　　　　D．变换网页结构
（5）下列关于 Python 爬虫库的功能，描述不正确的是（　　）。
　　　A．通用爬虫库——urllib 3　　　　 B．通用爬虫库——Requests
　　　C．爬虫框架——Scrapy　　　　　　D．HTML/XML 解析器——pycurl

第 2 章 网络编程基础

通信协议（Communications Protocol）是指，在任何物理介质中允许两个或多个在传输系统中的终端之间传播信息的系统标准，也是指计算机通信或网络设备的共同语言。通信协议包括对数据格式、同步方式、传送速度、传送步骤、检纠错方式及控制字符定义等问题做出的统一规定，通信双方必须共同遵守。而通信协议中的网络传输协议（Internet Communication Protocol）是由互联网工程任务组（IETF）制定的。

为能够交换大量信息，通信系统使用通用的格式（协议）。每条信息都要有明确的意义使得预定位置能够给予响应，并能够对回馈指定行为独立生效，通信协议需经过全体参与实体同意才能生效。为达成一致，协议必须要有技术标准，其目的是为更畅通的交流。

爬虫也需要遵循网络传输协议才能与服务器进行通信，当与服务器的通信建立后，爬虫才能获取网页内容，从而获取想要爬取的内容。

学习目标

（1）了解网络编程 Socket 库。
（2）使用 Socket 库进行 TCP 编程。
（3）使用 Socket 库进行 UDP 编程。
（4）熟悉 HTTP 请求方法与过程。
（5）熟悉常见的 HTTP 状态码。
（6）熟悉 Cookie。

任务 2.1　认识 Python 网络编程

任务描述

网络上的程序需要通过一个双向的通信，即通过 socket 实现数据交换，爬虫也需要通过 socket 与网页服务器进行通信，从而获取需要的网页内容。Python 中的 Socket 库包含多种通信协议，以及用于通信的方法，可在 Python 上实现 TCP 和 UDP 通信。

任务分析

（1）了解 Socket 库的作用及其包含的协议类型，了解 Socket 库中的 3 种方法及其作用。
（2）熟悉使用 Socket 库建立服务器端和客户端的 TCP 通信，通过 TCP 通信从客户端发送请求，并接收服务器端的响应。

（3）熟悉使用 Socket 库建立服务器端和客户端的 UDP 通信，通过 UDP 通信从客户端发送请求，并接收服务器端的响应。

2.1.1　了解 Python 网络编程 Socket 库

网络上的两个程序可通过一个双向的通信连接实现数据的交换，这个连接的一端称为一个 socket。套接字是 socket 的通常叫法，用于描述 IP 地址和端口，是一个通信链的句柄，可以用来实现不同虚拟机或不同计算机之间的通信。在 Internet 上的主机一般会同时运行多个服务软件，同时提供几种服务。每种服务都打开一个 socket，并绑定到一个端口上，不同的端口对应于不同的服务。

Python 中的 Socket 库为操作系统的 socket 实现提供了一个 Python 接口。Socket 库将 UNIX 关于网络通信的系统调用进行了对象化处理，是底层函数的高级封装。Socket 库中的 socket 方法可返回一个套接字，成功实现了各种协议的调用。

1. Socket 库中的协议类型

Socket 库中整合了多种协议类型，如表 2-1 所示。

表 2-1　Socket 库中的协议类型

协议类型	描述
socket.AF_UNIX	用于同一台机器上的进程通信（本地通信）
socket.AF_INET	用于服务器与服务器之间的网络通信
socket.AF_INET6	基于 IPv6 方式的服务器与服务器之间的网络通信
socket.SOCK_STREAM	基于 TCP 的流式 socket 通信
socket.SOCK_DGRAM	基于 UDP 的数据报式 socket 通信
socket.SOCK_RAW	原始套接字、普通套接字无法处理 ICMP、IGMP 等网络报文，而 SOCK_RAW 可以。SOCK_RAW 也可以处理特殊的 IPv4 报文。利用原始套接字，可以通过 IP_HDRINCL 套接字选项由用户构造 IP 头
socket.SOCK_SEQPACKET	可靠的连续数据包服务

2. Socket 库中的方法

Socket 库中的方法按使用用途可分为 3 种：服务器端方法、客户端方法、公共方法。

（1）服务器端方法

Socket 库中的服务器端方法仅供服务器使用，如表 2-2 所示。

表 2-2　Socket 库中的服务器端方法

语法格式	描述
socket.bind(address)	将套接字绑定到地址上，在 AF_INET 协议下，以 tuple(host,port) 的方式传入，如 socket.bind((host,port))，其中，host 为绑定的地址，port 为监听的端口

续表

语法格式	描述
socket.listen(backlog)	开始监听 TCP 传入的连接，backlog 用于指定在拒绝连接前，操作系统可以挂起的最大连接数，该值最少为 1，大部分应用程序通常设为 5
socket.accept()	接收 TCP 连接并返回（conn,address），其中，conn 是新的套接字对象，可以用来接收和发送数据，address 是连接客户端的地址

（2）客户端方法

Socket 库中的客户端方法仅供客户端使用，如表 2-3 所示。

表 2-3 Socket 库中的客户端方法

语法格式	描述
socket.connect(address)	连接到 address 处的套接字，一般 address 的格式为 tuple(host,port)，若连接出错，则返回 socket.error 错误
socket.connect_ex(address)	功能与 socket.connect 相同，但成功返回 0，失败返回 error 的值

（3）公共方法

Socket 库中的公共方法既可在服务器端使用也可在客户端使用，为通用方法，如表 2-4 所示。

表 2-4 Socket 库中的公共方法

语法格式	描述
socket.recv(buffsize[,flag])	接收 TCP 套接字的数据，数据以字符串形式返回，其中，buffsize 可指定要接收的最大数据量，flag 可提供有关消息的其他信息，通常可以忽略
socket.send(string[,flag])	发送 TCP 数据，将字符串中的数据发送到连接的套接字，返回值是要发送的字节数量，该数量可能小于 string 的字节大小
socket.sendall(string[,flag])	完整发送 TCP 数据，将字符串中的数据发送到连接的套接字，但在返回之前尝试发送所有的数据。成功则返回 None，失败则抛出异常
socket.recvfrom(bufsize[,flag])	接收 UDP 套接字的数据，与 socket.recv()方法类似，但返回值是 tuple(data,address)，其中，data 是包含接收数据的字符串，address 是发送数据的套接字地址
socket.sendto(string[,flag],address)	发送 UDP 数据，将数据发送到套接字，address 的形式为 tuple(ipaddr,port)，可指定远程发送地址，返回值是发送的字节数

续表

语法格式	描　述
socket.close()	关闭套接字
socket.getpeername()	返回套接字的远程地址，返回值通常是一个 tuple(ipaddr,port)
socket.getsockname()	返回套接字自己的地址，返回值通常是一个 tuple(ipaddr,port)
socket.setsockopt(level,optname,value)	设置给定套接字选项的值
socket.getsockopt(level,optname[,buflen])	返回套接字选项的值
socket.settimeout(timeout)	设置套接字操作的超时时间，其中，timeout 是一个浮点数，单位是秒，值为 None 时表示永远不会超时。超时时间应在刚创建套接字时设置，因为它们可能被用于连接操作，如 s.connect()
socket.gettimeout()	返回当前超时值，单位是秒，如果没有设置超时则返回 None
socket.fileno()	返回套接字的文件描述
socket.setblocking(flag)	若 flag 为 0，则将套接字设置为非阻塞模式，否则将套接字设置为阻塞模式（默认值）。非阻塞模式下，如果调用 socket.recv() 方法没有发现任何数据，或调用 socket.send() 方法无法立即发送数据，那么将引起 socket.error 类型的异常
socket.makefile()	创建一个与该套接字相关的文件

2.1.2　使用 Socket 库进行 TCP 编程

TCP 连接由客户端发起，由服务器对连接进行响应。

服务器进程需要绑定一个端口并监听来自其他客户端的连接。若有客户端发起连接请求，服务器就与该客户端建立 socket 连接，随后的通信就通过此 socket 连接进行。服务器依赖服务器地址、服务器端口、客户端地址和客户端端口这 4 项来唯一确定一个 socket 连接。

1. 服务器端 TCP 连接

建立服务器端 TCP 连接的具体步骤如下。

（1）在 Python 中创建一个基于 IPv4 和 TCP 的 socket，如代码 2-1 所示。

代码 2-1　建立基于 IPv4 和 TCP 的 socket

```
>>> # 导入Socket库及依赖库
>>> import socket
>>> import threading
>>> import time
>>> # 建立TCP连接
>>> s = socket.socket(socket.AF_INET, socket.SOCK_STREAM)
```

（2）绑定监听的地址和端口，此处使用本机地址。小于 1024 的端口号是 Internet 标准服务的端口，大于 1024 的端口号可以任意使用，故此处使用大于 1024 的端口，如代码 2-2

所示。

代码 2-2　绑定监听的地址和端口

```
>>> # 绑定地址及监听端口
>>> s.bind(('127.0.0.1', 6666))
```

（3）调用 socket.listen()方法开始监听端口，传入的参数可指定等待连接的最大数量，此处设定为 5，如代码 2-3 所示。

代码 2-3　监听端口

```
>>> # 调用 listen 方法监听端口
>>> s.listen(5)
>>> print('Wait for connection...')
```

（4）创建一个 tcp 函数，在该函数的连接建立后，服务器端首先发出一条表示连接成功的消息，然后等待客户端数据，再加上欢迎信息发送给客户端。若客户端发送 exit 字符串，则直接关闭连接，如代码 2-4 所示。

代码 2-4　创建服务器端应答函数

```
>>> # 创建服务器端应答函数
>>> def tcp(sock, addr):
    print('Accept new connection from %s:%s...' % addr)
    sock.send(b'Success!')
    while True:
        data = sock.recv(1024)
        time.sleep(1)
        if not data or data.decode('utf-8') == 'exit':
            break
        sock.send(('Welcom! %s!' % data.decode('utf-8')).encode('utf-8'))
    sock.close()
print('Connection from %s:%s closed.' % addr)
```

（5）通过一个循环接收来自客户端的连接，使用 socket.accept()方法等待并返回一个客户端的连接。每个连接都必须分配一个新线程来进行处理，否则会造成拥堵，单线程进行时无法接收其他客户端的连接，如代码 2-5 所示。

代码 2-5　循环处理客户端连接

```
>>> # 循环处理客户端连接
>>> while True:
    # 接收来自客户端的新连接
    sock, addr = s.accept()
    # 创建新线程来处理 TCP 连接
    t = threading.Thread(target=tcp, args=(sock, addr))
    t.start()
```

27

2. 客户端 TCP 连接

在服务器端 TCP 连接建立后,还需要建立客户端 TCP 连接进行测试,具体步骤如下。
(1)与服务器端的协议保持一致,同样也建立一个基于 IPv4 和 TCP 的 socket。
(2)与服务器端建立连接,连接的地址与端口需要与服务器端保持一致。
(3)使用 socket.recv()方法接收服务器提示信息之后,再使用 socket.send()方法发送数据至服务器便可看到服务器返回的结果,完整程序如代码 2-6 所示。

代码 2-6　建立客户端 TCP 连接

```
>>> # 导入 Socket 库
>>> import socket
>>> # 建立 TCP 连接
>>> s = socket.socket(socket.AF_INET, socket.SOCK_STREAM)
>>> # 与服务器建立连接
>>> s.connect(('127.0.0.1', 6666))
>>> # 接收服务器的连接成功提示信息
>>> print(s.recv(1024).decode('utf-8'))
>>> # 发送数据并接收服务器的返回结果
>>> for data in [b'Tom', b'Jerry', b'Spike']:
        s.send(data)
        print(s.recv(1024).decode('utf-8'))
>>> # 发送退出信息断开连接
>>> s.send(b'exit')
>>> s.close()
```

运行客户端程序时需要保证服务器端已经在运行,客户端程序运行完毕后进程就已经结束,而服务器端会保持运行,此时需要使用"Ctrl+C"快捷键退出程序。

2.1.3　使用 Socket 库进行 UDP 编程

相对 TCP,UDP 则是面向无连接的协议。使用 UDP 时,无须建立连接的过程,仅需知道对方的 IP 地址及端口号,便可直接发送数据包,但无法保证能顺利传达到。

TCP 建立的连接比较可靠,因为通信双方以流的形式互相传送数据。虽然使用 UDP 传输数据不可靠,但其传输速度比 TCP 快,对于不要求可靠到达的数据,就可以使用 UDP。

1. 服务器端 UDP 连接

UDP 连接与 TCP 连接类似,也分为服务器端和客户端,不同的是,UDP 连接无须调用 socket.listen()方法,可直接接收来自任何客户端的数据。

建立 UDP 连接时,服务器端同样需要绑定地址与端口。这里使用 socket.recvfrom()方法返回数据及客户端的地址与端口。当服务器收到数据后,可直接调用 socket.sendto()方法将数据通过 UDP 发给客户端,如代码 2-7 所示。

代码 2-7　建立服务器端 UDP 连接

```
>>> # 导入 Socket 库
```

```
>>> import socket
>>> # 建立UDP连接
>>> s = socket.socket(socket.AF_INET, socket.SOCK_DGRAM)
>>> # 绑定地址与端口
>>> s.bind(('127.0.0.1', 6666))
>>> print('set UDP on 6666...')
>>> while True:
        # 接收来自任意客户端的数据
        data, addr = s.recvfrom(1024)
        # 打印接收信息并回传欢迎信息
        print('Received from %s:%s.' % addr)
        s.sendto(b'Welcom! %s!' % data, addr)
```

2．客户端 UDP 连接

客户端使用 UDP 连接时同样需要先创建 socket，但之后无须使用 socket.connect()方法，直接用 socket.sendto()方法即可发送数据至服务器，如代码 2-8 所示。

代码 2-8　建立客户端 UDP 连接

```
>>> # 导入Socket库
>>> import socket
>>> # 建立UDP连接
>>> s = socket.socket(socket.AF_INET, socket.SOCK_DGRAM)
>>> # 发送数据并接收服务器回传数据
>>> for data in [b'Tom', b'Jerry', b'Spike']:
        s.sendto(data, ('127.0.0.1', 6666))
        print(s.recv(1024).decode('utf-8'))
>>> s.close()
```

UDP 连接与 TCP 连接可同时使用同一端口，它们互不冲突，即 UDP 连接与 TCP 连接所使用的端口是独立绑定的。

任务 2.2　认识 HTTP

任务描述

客户端与服务器间通过 HTTP 通信时，需要由客户端向服务器发起请求，服务器收到请求后再向客户端发送响应，响应中的状态码将显示此次通信的状态，不同的类型请求与响应通过头字段实现。若需要维持客户端与服务器的通信状态，则需要用到 Cookie 机制。爬虫在爬取数据时将会作为客户端模拟整个 HTTP 通信过程，该过程也需要通过 HTTP 实现。

任务分析

（1）熟悉 HTTP 通信过程中的客户端发起请求的方式与服务器发送响应的过程。

（2）熟悉 HTTP 通信过程中服务器发送响应的常见 HTTP 状态码。

（3）熟悉 HTTP 中的头部类型与对应类型的常用的头字段。

（4）熟悉 Cookie 机制的运作原理及其作用。

2.2.1 熟悉 HTTP 请求方法与过程

通常情况下，HTTP 客户端会向服务器发起一个请求，创建一个到服务器指定端口（默认是 80 端口）的 TCP 连接。HTTP 服务器则从该端口监听客户端的请求。一旦收到请求，服务器会向客户端返回一个状态，如"HTTP/1.1 200 OK"，以及响应的内容，如请求的文件、错误消息或其他信息，如图 2-1 所示。

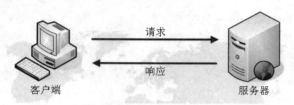

图 2-1　HTTP 响应过程

1．请求方法

在 HTTP/1.1 中共定义了 8 种方法（也叫"动作"）来以不同方式操作指定的资源，如表 2-5 所示。

表 2-5　HTTP 请求方法

请求方法	方法描述
GET	请求指定的页面信息，并返回实体主体。GET 可能会被网络爬虫等随意访问，因此 GET 方法应该只用于读取数据，而不应当被用在产生"副作用"的操作中，如 Web Application
HEAD	与 GET 方法一样，都是向服务器发出指定资源的请求，只不过服务器将不传回具体的内容。使用这个方法可以在不必传输全部内容的情况下，获取该资源的相关信息（元信息或称元数据）
POST	向指定资源提交数据，请求服务器进行处理（如提交表单或者上传文件）。数据会被包含在请求中，这个请求可能会创建新的资源或修改现有资源，或两者皆有
PUT	从客户端上传指定资源的最新内容，即更新服务器端的指定资源
DELETE	请求服务器删除标识的指定资源
TRACE	回显服务器收到的请求，主要用于测试或诊断
OPTIONS	允许客户端查看服务器端上指定资源所支持的所有 HTTP 请求方法。用"*"来代替资源名称，向服务器发送 OPTIONS 请求，可以测试服务器功能是否正常
CONNECT	HTTP/1.1 中预留给能够将连接改为管道方式的代理服务器

方法名称是区分大小写的。当某个请求所指定的资源不支持对应的请求方法时，服务器会返回状态码 405（Method Not Allowed）；当服务器不认识或者不支持对应的请求方法

时，会返回状态码 501（Not Implemented）。

一般情况下，HTTP 服务器至少需要实现 GET 和 HEAD 方法，其他方法为可选项。所有的方法支持的实现都应当匹配方法各自的语法格式。除上述方法外，特定的 HTTP 服务器还能够扩展自定义的方法。

2．请求（Request）与响应（Response）

HTTP 采用请求/响应模型。客户端向服务器发送一个请求报文，请求报文包含请求的方法、URL、协议版本、请求头部和请求数据。服务器以一个状态行作为响应，响应的内容包括协议版本、响应状态、服务器信息、响应头部和响应数据。请求与响应过程如图 2-2 所示。

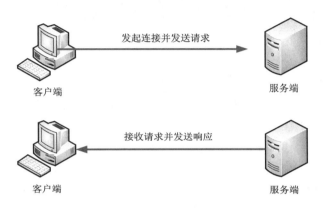

图 2-2　请求与响应过程

客户端与服务器间的请求与响应的具体步骤如下。

（1）连接 Web 服务器

由一个 HTTP 客户端，通常为浏览器，发起连接。与 Web 服务器的 HTTP 端口（默认为 80）建立一个 TCP 套接字连接。

（2）发送 HTTP 请求

客户端经 TCP 套接字向 Web 服务器发送一个文本的请求报文，一个请求报文由请求行、请求头部、空行和请求数据 4 部分组成。

（3）服务器接收请求并返回 HTTP 响应

Web 服务器解析请求，定位该次的请求资源。之后将资源复本写至 TCP 套接字，由客户端进行读取。一个响应与一个请求对应，由状态行、响应头部、空行和响应数据 4 部分组成。

（4）释放 TCP 连接

若本次连接的 Connection 模式为 Close，则由服务器主动关闭 TCP 连接，客户端将被动关闭连接，释放 TCP 连接；若 Connection 模式为 Keep-Alive，则该连接会保持一段时间，在该时间内可以继续接收请求与回传响应。

（5）客户端解析 HTML 内容

客户端首先会对状态行进行解析，查看状态代码是否能表明该次请求是成功的。之后解析每一个响应头，响应头告知以下内容为若干字节的 HTML 文档和文档的字符集。最后由客户端读取响应数据 HTML，根据 HTML 的语法对其进行格式化，并在窗口中对其进行显示。

2.2.2 熟悉常见 HTTP 状态码

1. HTTP 状态码种类

HTTP 状态码是用来表示网页服务器响应状态的 3 位数字代码。HTTP 的状态码按首位数字分为 5 类状态码，如表 2-6 所示。

表 2-6　5 类 HTTP 状态码

状态码类型	状态码意义
1XX	表示请求已被接收，需接后续处理。这类响应是临时响应，只包含状态行和某些可选的响应头信息，并以空行结束
2XX	表示请求已成功被服务器接收、理解并接受
3XX	表示需要客户端采取进一步的操作才能完成请求。通常用来重定向，重定向目标需在本次响应中指明
4XX	表示客户端可能发生错误，妨碍服务器的处理。该错误可能是语法错误或请求无效。除 HEAD 请求外，服务器都将返回一个解释当前错误状态，以及该状态只是临时发生还是永久存在的实体。这种状态码适用于任何请求方法。浏览器应当向用户显示任何包含在此类错误响应中的实体内容
5XX	表示服务器在处理请求的过程中有错误或者异常状态发生，也有可能表示服务器以当前的软硬件资源无法完成对请求的处理。除 HEAD 请求外，服务器都将返回一个解释当前错误状态，以及这个状态只是临时发生还是永久存在的解释信息实体。浏览器应当向用户展示任何在当前响应中的实体内容，这些状态码适用于任何响应方法

2. 常见 HTTP 状态码

HTTP 状态码共有 67 种，常见的状态码如表 2-7 所示。

表 2-7　常见的 HTTP 状态码

常见状态码	状态码含义
200 OK	请求成功，请求所希望的响应头或数据体将随此响应返回。
400 Bad Request	由于客户端的语法错误、无效的请求或欺骗性路由请求，服务器不会处理该请求
403 Forbidden	服务器已经理解该请求，但是拒绝执行，将在返回的实体内描述拒绝的原因，也可以不描述仅返回 404 响应。
404 Not Found	请求失败，请求所希望得到的资源未被在服务器上发现，但允许用户的后续请求。将不返回该状况是临时性的还是永久性的。被广泛应用于当服务器不想揭示为何请求被拒绝或者没有其他适合的响应可用的情况下

续表

常见状态码	状态码含义
500 Internal Server Error	通用错误消息，服务器遇到一个未曾预料的状况，导致它无法完成对请求的处理，不会给出具体错误信息
503 Service Unavailable	由于临时的服务器维护或者过载，服务器当前无法处理请求。这个状况是暂时的，并且将在一段时间以后恢复

2.2.3 熟悉 HTTP 头部信息

HTTP 头部信息（HTTP Header Fields）是指在超文本传输协议（HTTP）的请求和响应消息中的 HTTP 头部信息部分。头部信息中定义了一个超文本传输协议事务中的操作参数。在爬虫中需要使用头部信息向服务器发送模拟信息，并通过发送模拟的头部信息将自己伪装成一般的客户端。某网页的请求头部信息和响应头部信息分别如图 2-3 和图 2-4 所示。

```
Request Headers
Accept: text/html,application/xhtml+xml,application/xml;q=0.9,image/webp,image/apng,*/*;q=0.8
Accept-Encoding: gzip, deflate
Accept-Language: zh-CN,zh;q=0.9,ja;q=0.8,zh-TW;q=0.7
Cache-Control: max-age=0
Connection: keep-alive
Cookie: _site_id_cookie=3; _site_id_cookie=3;clientlanguage=zh_CN;__qc_wId=255;pgv_pvid=7814100474; JSESSIONID=8DEE62987173CDDAA96384CED7FAF793
Host: www.tipdm.com
If-Modified-Since: Tue, 04 Sep 2018 02:35:18 GMT
If-None-Match: W/"17642-1536028518042"
Upgrade-Insecure-Requests: 1
User-Agent: Mozilla/5.0 (Windows NT 6.1; Win64; x64) AppleWebKit/537.36 (KHTML, like Gecko) Chrome/69.0.3497.92 Safari/537.36
```

图 2-3　请求头部信息

```
Response Headers
Date: Thu, 13 Sep 2018 10:31:13 GMT
ETag: W/"17642-1536028518042"
Server: Apache-Coyote/1.1
```

图 2-4　响应头部信息

HTTP 头部类型按用途可分为通用头、请求头、响应头、实体头。HTTP 头字段被对应的分为 4 种类型：通用头字段（General Header Fields）、请求头字段（Request Header Fields）、响应头字段（Response Header Fields）和实体头字段（Entity Header Fields）。

1. 通用头

通用头既适用于客户端的请求头，也适用于服务端的响应头。其与 HTTP 消息体内最终传输的数据是无关的，只适用于要发送的消息。常用的标准通用头字段如表 2-8 所示。

表 2-8　常用的标准通用头字段

字 段 名	说　　明	示　　例
Connection	该字段只在 HTTP/1.1 中存在，其决定了客户端和服务器在进行一次会话后，服务器是否立即关闭网络连接。Connection 有两个值：Close 和 Keep-Alive。	Connection：Close/Keep-Alive

续表

字 段 名	说　明	示　例
Connection	使用 Close 时，和 HTTP/1.0 一致，当协议中的 read 方法读完数据时立即返回；使用 Keep-Alive 时，read 方法在读完数据后仍会被阻塞一段时间。read 方法在直接读取数据超时时间过后，仍将继续往下执行	Connection：Close/Keep-Alive
Date	请求消息和响应消息被创建的时间。该字段值是一个 HTTP-date 类型，格式必须为 GMT（格林尼治）时间	Date: Tue, 15 Nov 2007 08:12:31 GMT
Cache-Control	指定请求和响应遵循的缓存机制。在请求消息或响应消息中设置 Cache-Control 不会修改另一个消息处理过程中的缓存处理过程。请求时的缓存指令包括 no-cache、no-store、max-age、max-stale、min-fresh、only-if-cached，响应消息中的指令包括 public、private、no-cache、no-store、no-transform、must-revalidate、proxy-revalidate、max-age	Cache-Control:no-cache
Pragma	包含实现特定功能的指令，最常用的指令为 Pragma:no-cache。在 HTTP/1.1 中，其含义和 Cache-Control:no-cache 相同	Pragma:no-cache

2. 请求头

请求头可提供更为精确的描述信息，其对象为所请求的资源或请求本身。其中有些缓存相关头描述了缓存信息，这些头会改变 GET 请求时获取资源的方式，如 If-Modified-Since。有些 HTTP 头部信息描述了用户偏好，例如，Accept-Language 和 Accept-Charset 表示客户端所使用的语言及编码方式，User-Agent 表示客户端的代理方式。

新版增加的请求头不能在更低版本的 HTTP 中使用，但服务器和客户端若都能对相关头进行处理，则可以在请求中使用。在这种情况下，客户端不应该假定服务器有对相关头的处理能力，而未知的请求头将被处理为实体头。

常用的标准请求头字段如表 2-9 所示。

表 2-9　常用的标准请求头字段

字 段 名	说　明	示　例
Accept	可接受的响应内容类型（Content-Types）	Accept: text/plain
Accept-Charset	可接受的字符集	Accept-Charset:utf-8
Accept-Encoding	可接受的响应内容的编码方式	Accept-Encoding:gzip,deflate
Accept-Language	可接受的响应内容语言列表	Accept-Language:en-US
Accept-Datetime	可接受的按照时间来表示的响应内容版本	Accept-Datetime:Sat,26 Dec 2015 17:30:00 GMT

续表

字 段 名	说 明	示 例
Authorization	用于表示 HTTP 中需要认证资源的认证信息	Authorization:BasicOSdjJGRpbjpvcGVuIANlc2SdDE==
Cache-Control	用来指定在当前的请求/回复中，是否使用缓存机制	Cache-Control:no-cache
Connection	客户端（浏览器）想要优先使用的连接类型	Connection:keep-alive Connection:Upgrade
Cookie	由之前服务器通过 Set-Cookie 设置的一个 HTTP Cookie	Cookie:$Version=1;Skin=new;
Content-Length	以 8bits 表示的请求体的长度	Content-Length:348
Content-MD5	请求体的内容的二进制 MD5 散列值（数字签名），以 Base64 编码的结果	Content-MD5:oD8dH2sgSW50ZWdyaIEd9D==
Content-Type	请求体的 MIME 类型（用于 POST 和 PUT 请求中）	Content-Type:application/x-www-form-urlencoded
Date	发送该消息的日期和时间（以 RFC7231 中定义的"HTTP 日期"格式来发送）	Date:Dec,26 Dec 2015 17:30:00GMT
Expect	表示客户端要求服务器做出特定的行为	Expect:100-continue
From	发起此请求的用户的邮件地址	From:user@tipdm.com
Host	表示服务器的域名及服务器所监听的端口号。如果所请求的端口是对应的服务的标准端口（80），则端口号可以省略	Host:www.tipdm.com:80 Host:www.tipdm.com
If-Match	仅当客户端提供的实体与服务器上对应的实体相匹配时，才进行对应的操作。主要用于像 PUT 这样的方法中，仅当从用户上次更新某个资源后，该资源未被修改的情况下，才更新该资源	If-Match:"9jd00cdj34pss9ejqiw39d82f20d0ikd"
If-None-Match	允许在对应的内容未被修改的情况下返回 304 未修改（304NotModified）	If-None-Match:"737060cd8c284d8af7ad3082f209582d"
If-Range	如果该实体未被修改过，则发送所缺少的那一个或多个部分；否则，发送整个新的实体	If-Range:"737060cd8c284d8af7ad3082f209582d"
If-Modified-Since	设置更新时间，从更新时间到服务端接受请求这段时间内，如果资源没有改变，则允许服务端返回 304NotModified	If-Modified-Since:Sat,29 Oct 1994 19:43:31GMT

续表

字 段 名	说 明	示 例
If-Unmodified-Since	设置更新时间，只有当从更新时间到服务端接受请求这段时间内实体没有改变时，服务端才会发送响应	If-Unmodified-Since:Sat,29Oct1994 19:43:31GMT
Max-Forwards	限制代理或网关转发消息的次数	Max-Forwards:10
Origin	标识跨域资源请求（请求服务端设置 Access-Control-Allow-Origin 响应字段）	Origin:http://www.example-social-network.com
Pragma	设置特殊实现字段，可能会对请求响应链有多种影响	Pragma:no-cache
Proxy-Authorization	为连接代理授权认证信息	Proxy-Authorization:BasicQWxhZGRpbjpvcGVuIHNlc2FtZQ==
Range	请求部分实体，设置请求实体的字节数范围	Range:bytes=500-999
Referer	设置前一个页面的地址，并且前一个页面中的连接指向当前请求，意思就是如果当前请求是在 A 页面中发送的，那么 referer 就是 A 页面的 URL 地址	Referer:http://zh.wikipedia.org/wiki/Main_Page
TE	设置用户代理期望接收的传输编码格式，和响应头中的 Transfer-Encoding 字段一致	TE:trailers,deflate
Upgrade	请求服务端升级协议	Upgrade:HTTP/2.0,HTTPS/1.3,IRC/6.9,RTA/x11,websocket
User-Agent	用户代理的字符串值	User-Agent:Mozilla/5.0(X11;Linux x86_64;rv:12.0)Gecko/20100101Firefox/21.0
Via	通知服务器代理请求	Via:1.0fred,1.1example.com(Apache/1.1)
Warning	实体可能会发生的问题的通用警告	Warning:199Miscellaneouswarning

3. 响应头

响应头为响应消息提供了更多信息。例如，用 Location 字段描述资源位置，以及用 Server 字段描述服务器本身等。

与请求头类似，新版增加的响应头也不能在更低版本的 HTTP 中使用。但是，如果服务器和客户端都能对相关头进行处理，就可以在响应中使用。在这种情况下，服务器也不应该假定客户端有对相关头的处理能力，未知的响应头也将被处理为实体头。

常用响应头字段如表 2-10 所示。

表 2-10 常用的响应头字段

字 段 名	说 明	示 例
Access-Control-Allow-Origin	指定哪些站点可以参与跨站资源共享	Access-Control-Allow-Origin:*
Accept-Patch	指定服务器支持的补丁文档格式，适用于 HTTP 的 Patch 方法	Accept-Patch:text/example;charset=utf-8
Accept-Ranges	服务器通过 byte serving 支持的部分内容范围类型	Accept-Ranges:bytes
Age	对象在代理缓存中暂存的秒数	Age:12
Allow	用于设置特定资源的有效行为，适用于方法不被允许的 HTTP 405 错误	Allow:GET,HEAD
Alt-Svc	服务器使用"Alt-Svc"（Alternative Servicesde）头标识的资源可以通过不同的网络位置或者不同的网络协议获取	Alt-Svc:h2="http2.example.com:443";ma=7200
Cache-Control	告诉服务端到客户端所有的缓存机制是否可以缓存这个对象，单位是秒	Cache-Control:max-age=3600
Connection	设置当前连接和 hop-by-hop 协议请求字段列表的控制选项	Connection:close
Content-Disposition	告诉客户端弹出一个文件下载框，并且可以指定下载文件名	Content-Disposition:attachment;filename="fname.ext"
ETag	特定版本资源的标识符，通常是消息摘要	ETag:"737060cd8c284d8af7ad3082f209582d"
Link	设置与其他资源的类型关系	Link:</feed>;rel="alternate"
Location	在重定向中或者创建新资源时使用	Location:http://zh.wikipedia.org/wiki/Main_Page
P3P	以"P3P:CP="your_compact_policy""的格式用于设置站点的 P3P(Platform for Privacy Preferences Project)策略，大部分浏览器没有完全支持 P3P 策略，许多站点通过设置假的策略内容来欺骗支持 P3P 策略的浏览器，以获取第三方 Cookie 的授权	P3P:CP="This is not a P3P policy! See http://www.google.com/support/accounts/bin/answer.py?hl=en&answer=151657 for more info."
Pragma	设置特殊实现字段，可能会对请求响应链有多种影响	Pragma:no-cache
Proxy-Authenticate	设置访问代理的请求权限	Proxy-Authenticate:Basic

续表

字段名	说明	示例
Public-Key-Pins	设置站点的授权 TLS 证书	Public-Key-Pins:max-age=2592000;pin-sha256="E9CZ9INDbd+2eRQozYqqbQ2yXLVKB9+xcprMF+44U1g=";
Refresh	重定向或者新资源创建时使用，在页面头部的扩展可以实现相似的功能，并且大部分浏览器都支持	Refresh:5;url=http://zh.wikipedia.org/wiki/Main_Page
Retry-After	如果实体暂时不可用，可以设置这个值让客户端重试，可以使用时间段（单位是秒）或者 HTTP 时间	Example1:Retry-After:120 Example2:Retry-After:Fri,07 Nov 2014 23:59:59 GMT
Server	服务器名称	Server:Apache/2.4.1(Unix)
Set-Cookie	设置 HTTP Cookie	Set-Cookie:UserID=JohnDoe;Max-Age=3600;Version=1
Status	设置 HTTP 响应状态	Status:200 OK
Strict-Transport-Security	一种 HSTS 策略，可通知 HTTP 客户端缓存 HTTPS 策略多长时间，以及是否应用到子域	Strict-Transport-Security:max-age=16070400;includeSubDomains
Trailer	标识给定的 header 字段，将展示在后续的 chunked 编码的消息中	Trailer:Max-Forwards
Transfer-Encoding	设置传输实体的编码格式，目前支持的格式有 chunked、compress、deflate、gzip、identity	Transfer-Encoding:chunked
TSV	Tracking Status Value，在响应中设置给 DNT(do-not-track)的响应，可能的取值如下。"!"—underconstruction；"?"—dynamic；"G"—gateway to multiple parties；"N"—not tracking；"T"—tracking；"C"—tracking with consent；"P"—tracking only if consented；"D"—disregarding DNT；"U"—updated	TSV:?
Upgrade	请求客户端升级协议	Upgrade:HTTP/2.0,HTTPS/1.3,IRC/6.9,RTA/x11,websocket

续表

字 段 名	说　明	示　例
Vary	通知下级代理如何匹配未来的请求头，以让其决定缓存的响应是否可用，而不是重新从源主机请求新的缓存	Example1:Vary:* Example2:Vary:Accept-Language
Via	通知客户端代理，通过其要发送什么响应	Via:1.0 fred,1.1 example.com (Apache/1.1)
Warning	实体可能会发生的问题的通用警告	Warning: 199 Miscellaneous warning
WWW-Authenticate	标识访问请求实体的身份验证方案	WWW-Authenticate:Basic
X-Frame-Options	点击劫持保护：deny 表示 frame 中不渲染；sameorigin 表示如果源不匹配不渲染；allow-from 表示允许指定位置访问；allowall 表示不标准，允许任意位置访问	X-Frame-Options:deny

4．实体头

实体头可提供关于消息体的描述，如消息体的长度 Content-Length，消息体的 MIME 类型 Content-Type。新版的实体头可以在更低版本的 HTTP 中使用。常用的实体头字段如表 2-11 所示。

表 2-11　常用的实体头字段

字 段 名	说　明	示　例
Content-Encoding	设置数据使用的编码类型	Content-Encoding:gzip
Content-Language	为封闭内容设置自然语言或者目标用户语言	Content-Language:en
Content-Length	响应体的字节长度	Content-Length:348
Content-Location	设置返回数据的另一个位置	Content-Location:/index.htm
Content-MD5	设置基于 MD5 算法对响应体内容进行 Base64 二进制编码	Content-MD5:Q2hlY2sgSW50ZWdyaXR5IQ==
Content-Range	标识响应体内容属于完整消息体中的哪一部分	Content-Range:bytes21010-47021/47022
Content-Type	设置响应体的 MIME 类型	Content-Type:text/html;charset=utf-8
Expires	设置响应体的过期时间	Expires:Thu,01 Dec 1994 16:00:00 GMT
Last-Modified	设置请求对象最后一次的修改日期	Last-Modified:Tue,15 Nov 1994 12:45:26 GMT

2.2.4　熟悉 Cookie

由于 HTTP 是一种无状态的协议，所以在客户端与服务器间的数据传输完成后，本次的连接将会关闭，并不会留存相关记录。再次交互数据需要重新建立新的连接，因此，服务器无法依据连接来跟踪会话，也无法从连接上知晓用户的历史操作。这严重阻碍了基于Web应用程序的交互，也影响了用户的交互体验。例如，某些网站需要用户登录才能进行下一步操作，用户在输入账号密码登录后，才能浏览页面。对于服务器而言，由于HTTP的无状态性，服务器并不知道用户有没有登录过，当用户退出当前页面访问其他页面时，用户又需重新输入账号及密码。

1．Cookie 机制

为解决HTTP的无状态性带来的负面作用，Cookie机制应运而生。Cookie本质上是一段文本信息。当客户端请求服务器时，若服务器需要记录用户状态，就在响应用户请求时发送一段Cookie信息。客户端浏览器会保存该Cookie信息，当用户再次访问该网站时，浏览器会把Cookie作为请求信息的一部分提交给服务器。服务器对Cookie进行验证，以此来判断用户状态，当且仅当该Cookie合法且未过期时，用户才可直接登录网站。服务器还会对Cookie信息进行维护，必要时会对Cookie内容进行修改。

爬虫也可使用Cookie机制与服务器保持会话或登录网站，通过使用Cookie，爬虫可以绕过服务器的验证过程，从而实现模拟登录。

2．Cookie 的存储方式

Cookie由用户客户端浏览器进行保存，按其存储位置可分为内存式存储Cookie和硬盘式存储Cookie。

内存式存储Cookie将Cookie保存在内存中，在浏览器关闭后就会消失，由于其存储时间较短，因此也被称为非持久Cookie或会话Cookie。

硬盘式存储Cookie保存在硬盘中，其不会随浏览器的关闭而消失，除非用户手动清理或Cookie已经过期。由于硬盘式存储Cookie的存储时间是长期的，因此也被称为持久Cookie。

3．Cookie 的实现过程

客户端请求服务器后，如果服务器需要记录用户状态，服务器会在响应信息中包含一个Set-Cookie的响应头，客户端会根据这个响应头存储Cookie信息。再次请求服务器时，客户端会在请求信息中包含一个Cookie请求头，而服务器会根据这个请求头进行用户身份、状态等校验。整个实现过程如图2-5所示。

图 2-5 Cookie 实现过程

客户端与服务器间的 Cookie 实现过程的具体步骤如下。

（1）客户端请求服务器

客户端请求网站页面，请求头如下。

```
GET / HTTP/1.1
HOST: tipdm.com
```

（2）服务器响应请求

Cookie 是一种字符串，为"key=value"形式，服务器需要记录这个客户端请求的状态，因此在响应头中增加了一个 Set-Cookie 字段。响应头示例格式如下。

```
HTTP/1.1 200 OK
Set-Cookie: UserID=tipdm; Max-Age=3600; Version=1
Content-type: text/html
……
```

（3）客户端再次请求服务器

客户端会对服务器响应的 Set-Cookie 头信息进行存储。当再次请求时，将会在请求头中包含服务器响应的 Cookie 信息。请求头示例格式如下。

```
GET / HTTP/1.0
HOST: itbilu.com
Cookie: UserID=itbilu
```

小结

本章主要介绍了 Python 中的底层 Socket 库，以及运用 Socket 库建立 TCP 和 UDP 连接的方法。并对超文本传输协议（HTTP）及其相关机制进行了简要介绍。本章的主要内容如下。

（1）Socket 库提供了多种协议类型和方法，可用于建立 TCP 和 UDP 连接。

（2）HTTP 基于 TCP 进行客户端与服务器间的通信，由客户端发起请求，由服务器进行应答。

（3）HTTP 状态码由 3 位数字构成，按首位数字可分为 5 类状态码。

（4）HTTP 头部信息为 HTTP 的请求与响应消息中的 HTTP 头部信息部分，其定义了该次传输事务中的操作参数。

（5）Cookie 机制可记录用户状态，服务器可依据 Cookie 对用户状态进行记录与识别。

实训　使用 Socket 库连接百度首页

1. 训练要点

（1）使用 Python 的 Socket 库构建客户端 TCP 连接。

（2）使用该 TCP 连接连接至百度首页。

（3）打印 HTTP 头并保存网页内容。

2. 需求说明

掌握使用 Python 的 Socket 库构建客户端 TCP 连接的方法，并连接至百度首页。

3. 实现思路及步骤

（1）导入 Socket 库，并创建一个基于 IPv4 及 TCP 的 socket。

（2）调用 socket.connect()方法，通过标准 Web 服务端口 80 连接至百度首页。

（3）调用 socket.send()方法向服务器发送返回首页内容的请求，并调用 socket.recv()方法接收返回的数据，之后关闭本次连接。

（4）打印头部信息，并将网页内容写入 HTML 文件。

课后习题

1. 选择题

（1）下列不属于 Socket 库中的方法是（　　）。
　　A．服务器端方法　　　　　　B．公共方法
　　C．通信方法　　　　　　　　D．客户端方法

（2）下列属于 HTTP 必须实现的请求方法的是（　　）。
　　A．GET 与 HEAD　　　　　　B．POST 与 DELETE
　　C．TRACE 和 OPTIONS　　　　D．OPTIONS 和 CONNECT

（3）下列关于 HTTP 状态码类型描述错误的是（　　）。
　　A．4XX 表示客户端可能发生错误
　　B．5XX 表示服务器可能发生错误
　　C．1XX 表示请求已被服务器接受，无须后续处理
　　D．3XX 表示客户端的请求需采取进一步操作

（4）下列不属于 HTTP 头部类型的是（　　）。
　　A．通用头　　　B．回复头　　　C．请求头　　　D．响应头

（5）下列有关 Cookie 机制描述错误的是（　　）。
　　A．服务器能通过 Cookie 识别用户
　　B．通过 Cookie 验证后不需重新提交表单
　　C．Cookie 按内存式或硬盘式进行存储
　　D．Cookie 不存在时效性

2. 操作题

（1）按照 TCP 连接构建流程构建服务端，并使用客户端进行连接，设置监听 IP 为 localhost，端口为 2018，要求能返回欢迎信息及回传数据。另构建客户端进行连接，发送请求并接收服务器信息及回传数据。

（2）按照 UDP 连接构建流程构建服务端，并使用客户端进行连接，设置监听 IP 为 localhost，端口为 2018，要求能返回欢迎信息及回传数据。另构建客户端进行连接，发送请求并接收服务器信息及回传数据。

第 3 章 简单静态网页爬取

静态网页是网站建设的基础，早期的网站基本都是由静态网页构成的。静态网页通常为纯粹的 HTML 格式，也可以包含一部分动态效果，如 GIF 格式的动画、Flash、滚动字幕等，该类网页的文件扩展名为.htm、.html。静态网页通常没有后台数据库，页面不含有程序并且无法交互。静态网页无法实时更新，更新页面时需重新发布，通常适用于更新较少的展示型网站。本章将分别使用 urllib 3 库、Requests 库向网站"http://www.tipdm.com/tipdm/index.html"发送 HTTP 请求并获取响应内容，再分别使用 Chrome 开发者工具、正则表达式、Xpath 和 Beautiful Soup 解析获取的网页内容，最后将解析后的结果分别用 JSON 模块、PyMySQL 库进行存储。

学习目标

（1）分别使用 urllib 3 库、Requests 库实现 HTTP 请求。
（2）分别使用 Chrome 开发者工具、正则表达式、Xpath 和 Beautiful Soup 解析网页。
（3）使用 JSON 模块、PyMySQL 库存储数据。

任务 3.1 实现 HTTP 请求

任务描述

一个爬虫的基本功能是读取 URL 和抓取网页内容，这就需要爬虫具备能够实现 HTTP 请求的功能。请求过程包括生成请求、请求头处理、超时设置、请求重试、查看状态码等。分别通过 urllib 3 库、Requests 库实现向网站"http://www.tipdm.com/tipdm/index.html"发送 GET 类型的 HTTP 请求，并获取返回的响应。

任务分析

（1）使用 urllib 3 库生成 HTTP 请求。
（2）使用 urllib 3 库处理请求头。
（3）使用 urllib 3 库设置超时。
（4）使用 urllib 3 库设置请求重试。
（5）使用 Requests 库生成 HTTP 请求。
（6）使用 Requests 库查看状态码与编码。

（7）使用 Requests 库处理请求头与响应头。

（8）使用 Requests 库设置超时。

3.1.1 使用 urllib 3 库实现

许多 Python 的原生系统已经开始使用 urllib 3 库，其提供了很多 Python 标准库里没有的重要特性，如表 3-1 所示。

表 3-1　urllib 3 库的连接特性

连 接 特 性	连 接 特 性
线程安全	管理连接池
客户端 SSL/TLS 验证	使用分部编码上传文件
协助处理重复请求和 HTTP 重定位	支持压缩编码
支持 HTTP 和 SOCKS 代理	测试覆盖率达到 100%

1. 生成请求

urllib 3 库非常便于使用，其使用一个 PoolManager 实例来生成请求，由该实例处理与线程池的连接及线程安全的所有细节。之后通过 urllib 3 库的 request 函数即可创建一个请求，该函数可返回一个 HTTP 响应对象。request 函数的基本语法格式如下。

urllib3.**request**(method,url,fields=None,headers=None,**urlopen_kw)

request 函数常用的参数及其说明如表 3-2 所示。

表 3-2　request 函数常用的参数及其说明

参 数 名 称	说　　明
method	接收 str。表示请求的类型，如 GET、HEAD、DELETE 等。无默认值
url	接收 str。表示字符串形式的网址。无默认值
fields	接收 dict。表示请求类型所带的参数。默认为 None
headers	接收 dict。表示请求头所带的参数。默认为 None
**urlopen_kw	接收 dict 或其他 Python 中的数据类型的数据。依据具体需要及请求的类型可添加的参数，通常参数赋值为字典类型或具体数据。无默认值

向网站"http://www.tipdm.com/tipdm/index.html"发送 GET 请求，并返回该网站的响应，如代码 3-1 所示。

代码 3-1　发送 GET 请求并返回响应

```
>>> # 导入 urllib 3 库
>>> import urllib3
>>> # 创建 PoolManager 实例
>>> http = urllib3.PoolManager()
>>> # 通过 reques 函数创建请求，此处使用 GET 方法
>>> rq = http.request('GET', 'http://www.tipdm.com/tipdm/index.html')
```

第 3 章 简单静态网页爬取

```
>>> # 查看服务器响应码
>>> print('服务器响应码: ', rq.status)
服务器响应码: 200
>>> # 查看响应实体
>>> print('响应实体: ', rq.data)
响应实体: b'<!DOCTYPE HTML>\n<html>\n<head>\n<meta name="viewport" ……
$(\'#cs_box\').hide();\n });\n </script> \n</div>\n</body>\n</html>'
```
注：由于输出结果太长，此处部分结果已经省略。

2. 请求头处理

在 request 函数中，如果需要传入 headers 参数，则可通过定义一个字典类型来实现。代码 3-2 的含义为，定义一个包含 User-Agent 信息的字典，使用火狐和 Chrome 浏览器，设置操作系统为"Windows NT 6.1; Win64; x64"，向网站"http://www.tipdm.com/tipdm/index.html"发送带 headers 参数的 GET 请求，hearders 参数为定义的 User-Agent 字典。

代码 3-2　发送带 headers 参数的 GET 请求

```
>>> ua = {'User-Agent' : 'Mozilla/5.0 (Windows NT 6.1; Win64; x64) Chrome/65.0.3325.181'}
>>> rq = http.request('GET','http://www.tipdm.com/tipdm/index.html',headers = ua)
```

3. timeout 设置

为防止因为网络不稳定、服务器不稳定等问题造成连接不稳定时的丢包，可以在 GET 请求中增加 timeout 参数设置，timeout 参数通常为浮点数。依据不同需求，request 函数的 timeout 参数提供了多种设置方法，可直接在 URL 后设置该次请求的全部 timeout 参数，也可分别设置该次请求的连接与读取的 timeout 参数，在 PoolManager 实例中设置 timeout 参数可应用至该实例的全部请求中。

分别使用 3 种方式向网站"http://www.tipdm.com/tipdm/index.html"发送带 timeout 参数的 GET 请求，可仅指定超时时间或分别指定连接和读取的超时时间，如代码 3-3 所示。

代码 3-3　发送带 timeout 参数的 GET 请求

```
>>> # 方法1: 直接在url参数之后添加统一的timeout参数
>>> url = 'http://www.tipdm.com/tipdm/index.html'
>>> rq = http.request('GET',url,timeout = 3.0)
>>> # 方法2: 分别设置连接与读取的timeout参数
>>> rq = http.request('GET',url,timeout = urllib3.Timeout(connect = 1.0 , read = 3.0))
>>> # 方法3: 在PoolManager实例中设置timeout参数
>>> http = urllib3.PoolManager(timeout = 4.0)
>>> http = urllib3.PoolManager(timeout = urllib3.Timeout(connect = 1.0 , read = 3.0))
```

需要注意的是，若已经在 PoolManager 实例中设置 timeout 参数，则之后在 request 函数中另行设置的 timeout 参数将会替代 PoolManager 实例中的 timeout 参数。

4．请求重试设置

urllib 3 库可以通过设置 request 函数的 retries 参数来对重试进行控制。默认进行 3 次请求重试，以及 3 次重定向。自定义重试次数可通过赋值一个整型给 retries 参数来实现，可通过定义 retries 实例来定制请求重试次数及重定向次数。若需要同时关闭请求重试及重定向，则可将 retries 参数赋值为 False；若仅关闭重定向，则将 redirect 参数赋值为 False。与 timeout 设置类似，可以在 PoolManager 实例中设置 retries 参数控制全部该实例下的请求重试策略。

代码 3-4 的含义为，向网站"http://www.tipdm.com/tipdm/index.html"发送请求重试次数为 10 的 GET 请求，或发送请求重试次数为 5 与重定向次数为 4 的 GET 请求，或发送同时关闭请求重试与重定向的 GET 请求，或仅关闭重定向的 GET 请求，或直接在 PoolManager 实例中定义请求重试次数。

代码 3-4　发送带 retries 参数的 GET 请求

```
>>> # 直接在 url 之后添加 retries 参数
>>> url = 'http://www.tipdm.com/tipdm/index.html'
>>> rq = http.request('GET',url, retries = 10)
>>> # 分别设置 5 次请求重试次数与 4 次重定向的 retries 参数
>>> rq = http.request('GET',url, retries = 5 , redirect = 4)
>>> # 同时关闭请求重试与重定向
>>> rq = http.request('GET',url, retries = False)
>>> # 仅关闭重定向
>>> rq = http.request('GET',url, redirect = False)
>>> # 在 PoolManager 实例中设置 retries 参数
>>> http = urllib3.PoolManager(retries = 5)
>>> http = urllib3.PoolManager(timeout = urllib3.Retry(5 , read = 4))
```

5．生成完整 HTTP 请求

向网站"http://www.tipdm.com/tipdm/index.html"发送一个完整的请求，该请求应当包含链接、请求头、超时时间和重试次数设置，如代码 3-5 所示。

代码 3-5　发送完整 HTTP 请求

```
>>> # 创建 PoolManager 实例
>>> http = urllib3.PoolManager()
>>> # 目标 url
>>> url = 'http://www.tipdm.com/tipdm/index.html'
>>> # 设置请求头、UA 信息
>>> ua = {'User-Agent' : 'Mozilla/5.0 (Windows NT 6.1; Win64; x64) Chrome/65.0.3325.181'}
```

```
>>> # 设置超时时间
>>> tm = urllib3.Timeout(connect = 1.0 , read = 3.0)
>>> # 设置重试次数并生成请求
>>> rq = http.request('GET',url, headers = ua,timeout = tm, retries = 5 , redirect
= 4)
>>> # 查看服务器响应码
>>> print('服务器响应码: ', rq.status)
服务器响应码: 200
>>> # 查看获取的内容
>>> print('获取的内容: ', rq.data.decode('utf-8'))
获取的内容: <!DOCTYPE HTML>
<html>
<head>
<meta name="viewport" content="width=device-width, initial-scale=1.0">
<meta http-equiv="Content-Type" content="text/html; charset=utf-8" />
<title>泰迪科技-专注于大数据技术研发及知识传播</title>
……
  $('#cs_close').bind('click',function(){
    $('#cs_box').hide();
  });
  </script>
</div>
</body>
</html>
```

注:由于输出结果太长,此处部分结果已经省略。

3.1.2 使用 Requests 库实现

Requests 库是一个原生的 HTTP 库,比 urllib 3 库更容易使用。Requests 库可发送原生的 HTTP/1.1 请求,无须手动为 URL 添加查询字串,也不需要对 POST 数据进行表单编码。相对于 urllib 3 库,Requests 库拥有完全自动化的 Keep-Alive 和 HTTP 连接池的功能。Requests 库包含的特性如表 3-3 所示。

表 3-3 Requests 库连接特性

连 接 特 性	连 接 特 性	连 接 特 性
Keep-Alive&连接池	基本/摘要式的身份认证	文件分块上传
国际化域名和 URL	优雅的 key/value Cookie	流下载
带持久 Cookie 的会话	自动解压	连接超时
浏览器式的 SSL 认证	Unicode 响应体	分块请求
自动内容解码	HTTP(S)代理支持	支持.netrc

Python 网络爬虫技术

1. 生成请求

用 Requests 库生成请求代码的方法非常简便，其中，实现 GET 请求的函数为 get 函数，其基本语法格式如下。

```
requests.get(url,**kwargs)
```

get 函数常用的参数及其说明如表 3-4 所示。

表 3-4 get 函数常用的参数及其说明

参 数 名 称	说　　明
url	接收 str。表示字符串形式的网址。无默认值
**kwargs	接收 dict 或其他 Python 中的数据类型的数据。依据具体需要及请求的类型可添加的参数，通常参数赋值为字典类型或具体数据

向网站"http://www.tipdm.com/tipdm/index.html"发送 GET 请求，并查看返回的结果类型、状态码、编码、响应头和获取的网页内容，如代码 3-6 所示。

代码 3-6　发送 GET 请求并查看返回结果

```
>>> import requests
>>> url = 'http://www.tipdm.com/tipdm/index.html'
>>> # 生成GET请求
>>> rqg = requests.get(url)
>>> print('结果类型：', type(rqg))  # 查看结果类型
结果类型： <class 'requests.models.Response'>
>>> print('状态码：', rqg.status_code)  # 查看状态码
状态码： 200
>>> print('编码：', rqg.encoding)  # 查看编码
编码： ISO-8859-1
>>> print('响应头：', rqg.headers)  # 查看响应头
响应头： {'Server': 'Apache-Coyote/1.1', 'Accept-Ranges': 'bytes', 'ETag': 'W/"15213-1523871246117"', 'Last-Modified': 'Mon, 16 Apr 2018 09:34:06 GMT', 'Content-Type': 'text/html', 'Content-Length': '15213', 'Date': 'Mon, 16 Apr 2018 10:18:55 GMT'}
>>> print('网页内容：', rqg.text)  # 查看网页内容
网页内容： <!DOCTYPE HTML>
<html>
<head>
<meta name="viewport" content="width=device-width, initial-scale=1.0">
……
  </script>
</div>
</body>
```

```
</html>
```
注：由于输出结果太长，此处部分结果已经省略。

在代码 3-6 中，Requests 库仅用一行代码便可生成 GET 请求，生成其他类型的请求时也可采用类似的格式，只要选取对应的类型即可。

2．查看状态码与编码

在代码 3-6 中，使用 rqg.status_code 的形式可查看服务器返回的状态码，而使用 rqg.encoding 的形式可通过服务器返回的 HTTP 头部信息来猜测网页编码。需要注意的是，当 Requests 库猜测错时，需要手动指定 encoding 编码，避免返回的网页内容解析出现乱码。

向网站"http://www.tipdm.com/tipdm/index.html"发送 GET 请求，查看返回的状态码和编码，将编码手动指定为 utf-8，如代码 3-7 所示。

代码 3-7　发送 GET 请求并手动指定编码

```
>>> url = 'http://www.tipdm.com/tipdm/index.html'
>>> rqg = requests.get(url)
>>> print('状态码: ', rqg.status_code)   # 查看状态码
状态码: 200
>>> print('编码: ', rqg.encoding)  # 查看编码
编码: ISO-8859-1
>>> rqg.encoding = 'utf-8'  # 手动指定编码
>>> print('修改后的编码: ', rqg.encoding)   # 查看修改后的编码
修改后的编码: utf-8
```

手动指定的方法并不灵活，无法自适应爬取过程中不同网页的编码，而使用 chardet 库的方法比较简便灵活。chardet 库是一个非常优秀的字符串/文件编码检测模块。

chardet 库的 detect 方法可以检测给定字符串的编码，其基本语法格式如下。

```
chardet.detect(byte_str)
```

detect 方法常用的参数及其说明如表 3-5 所示。

表 3-5　detect 方法常用的参数及其说明

参 数 名 称	说　　明
byte_str	接收 str。表示需要检测编码的字符串。无默认值

detect 方法可返回以下字典，字典中的 confidence 参数为检测精确度，encoding 参数为编码形式。

```
{'encoding': 'utf-8', 'confidence': 0.99, 'language': ''}
```

将请求的编码指定为 detect 方法检测到的编码，可以避免检测错误造成的乱码，如代码 3-8 所示。

代码 3-8　使用 detect 方法检测编码并指定编码

```
>>> import chardet
>>> url = 'http://www.tipdm.com/tipdm/index.html'
```

```
>>> rqg = requests.get(url)
>>> print('编码: ', rqg.encoding)    # 查看编码
编码:  ISO-8859-1
>>> print('detect 方法检测结果: ', chardet.detect(rqg.content))
detect 方法检测结果:  {'encoding': 'utf-8', 'confidence': 0.99, 'language': ''}
>>> rqg.encoding = chardet.detect(rqg.content)['encoding']    # 将检测到的编码赋值给 rqg.encoding
>>> print('改变后的编码: ', rqg.encoding)    # 查看改变后的编码
改变后的编码:  utf-8
```

3. 请求头与响应头处理

Requests 库中对请求头的处理与 urllib 3 库类似，即使用 get 函数的 headers 参数在 GET 请求中上传参数，参数形式为字典。在代码 3-9 中使用 rqg.headers 可查看服务器返回的响应头，通常响应头返回的结果会与上传的请求参数对应。

定义一个 User-Agent 字典作为 headers 参数，向网站"http://www.tipdm.com/tipdm/index.html"发送带有该 headers 参数的 GET 请求，并查看返回的响应头，如代码 3-9 所示。

代码 3-9 发送带有 headers 参数的 GET 请求并查看响应头

```
>>> url = 'http://www.tipdm.com/tipdm/index.html'
>>> headers = {'User-Agent' : 'Mozilla/5.0 (Windows NT 6.1; Win64; x64) Chrome/65.0.3325.181'}
>>> rqg = requests.get(url,headers = headers)
>>> print('响应头: ', rqg.headers)    # 查看响应头
响应头:  {'Server': 'Apache-Coyote/1.1', 'Accept-Ranges': 'bytes', 'ETag': 'W/"15206-1524650051661"', 'Last-Modified': 'Wed, 25 Apr 2018 09:54:11 GMT', 'Content-Type': 'text/html', 'Content-Length': '15206', 'Date': 'Wed, 02 May 2018 07:31:33 GMT'}
```

4. Timeout 设置

为避免因等待服务器响应造成程序永久失去响应，通常需要给程序设置一个时间作为限制，超过该时间后程序将会自动停止等待。在 Requests 库中通过设置 get 函数的 timeout 参数，可以实现超过该参数设定的秒数后，程序会停止等待。

向网站"http://www.tipdm.com/tipdm/index.html"分别发送超时时间为 2、0.001 的带有 timeout 参数的 GET 请求，并查看对应响应，如代码 3-10 所示。

代码 3-10 发送带有 timeout 参数的 GET 请求并查看响应

```
>>> url = 'http://www.tipdm.com/tipdm/index.html'
>>> print('超时时间为 2: ', requests.get(url, timeout=2))
超时时间为 2:  <Response [200]>
>>> requests.get(url, timeout=0.001)    # 超时时间过短将会报错
requests.packages.urllib3.exceptions.MaxRetryError:
HTTPConnectionPool(host='www.tipdm.com', port=80): Max retries exceeded with
```

```
url: /tipdm/index.html (Caused by ConnectTimeoutError(<requests.packages.
urllib3.connection.HTTPConnection object at 0x0000000007E72F60>, 'Connection to
www.tipdm.com timed out. (connect timeout=0.001)'))
```

5. 生成完整 HTTP 请求

向网站"http://www.tipdm.com/tipdm/index.html"发送一个完整的 GET 请求，该请求包含链接、请求头、响应头、超时时间和状态码，并且编码应正确设置，如代码 3-11 所示。

代码 3-11　发送一个完整的 GET 请求

```
>>> import chardet
>>> # 设置 URL
>>> url = 'http://www.tipdm.com/tipdm/index.html'
>>> # 设置请求头
>>> headers= {'User-Agent' : 'Mozilla/5.0 (Windows NT 6.1; Win64; x64)
Chrome/65.0.3325.181'}
>>> # 生成 GET 请求
>>> rqg = requests.get(url, headers = headers, timeout=2)
>>> print('状态码: ', rqg.status_code)   # 查看状态码
状态码: 200
>>> print('编码: ', rqg.encoding)   # 查看编码
编码: ISO-8859-1
>>> # 修正编码
>>> rqg.encoding = chardet.detect(rqg.content)['encoding']
>>> print('修改后的编码: ', rqg.encoding)   # 查看修改后的编码
修改后的编码: utf-8
>>> print('响应头: ', rqg.headers)   # 查看响应头
响应头: {'Server': 'Apache-Coyote/1.1', 'Accept-Ranges': 'bytes', 'ETag':
'W/"15213-1523871246117"', 'Last-Modified': 'Mon, 16 Apr 2018 09:34:06 GMT',
'Content-Type': 'text/html', 'Content-Length': '15213', 'Date': 'Mon, 16 Apr
2018 10:18:55 GMT'}
>>> print(rqg.text)   # 查看网页内容
<!DOCTYPE HTML>
<html>
<head>
<meta name="viewport" content="width=device-width, initial-scale=1.0">
……
  </script>
</div>
</body>
</html>
```

注：由于输出结果太长，此处部分结果已经省略。

任务 3.2　解析网页

任务描述

通过解析网页可以获取网页包含的数据信息,如文本、图片、视频等,这需要爬虫具备定位网页中信息的位置并解析网页内容的功能。通过 Chrome 开发者工具直接查看网站"http://www.tipdm.com/tipdm/index.html"的页面元素、页面源码和资源详细信息,分别通过正则表达式、Xpath 及 Beautiful Soup 解析 3.1.2 小节中通过 Requests 库获取的网站"http://www.tipdm.com/tipdm/index.html"的网页内容,获取其中的元素及相关信息。

任务分析

(1)使用 Chrome 开发者工具的元素面板查看页面元素。
(2)使用 Chrome 开发者工具的源代码面板查看页面源码。
(3)使用 Chrome 开发者工具的网络面板查看资源详细信息。
(4)使用正则表达式模块匹配字符串。
(5)使用正则表达式查找网页内容中的标题内容。
(6)使用 lxml 库的 etree 模块实现通过 Xpath 获取网页内容中的标题内容、节点下的文本内容。
(7)使用 Beautiful Soup 4 库创建 BeautifulSoup 对象。
(8)掌握 Beautiful Soup 中的对象类型。
(9)使用 Beautiful Soup 4 库遍历文档树。
(10)使用 Beautiful Soup 4 库搜索文档树。

3.2.1　使用 Chrome 开发者工具查看网页

Chrome 浏览器提供了一个非常便利的开发者工具,供广大 Web 开发者使用,该工具可提供包括查看网页元素、查看请求资源列表、调试 JS 等功能。该工具的打开方式之一是,右键单击 Chrome 浏览器页面,在弹出的菜单中单击图 3-1 所示的"检查"选项。

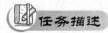

图 3-1　右键菜单打开 Chrome 开发者工具

也可以单击 Chrome 浏览器右上角的快捷菜单,如图 3-2 所示,单击"更多工具"选项中的"开发者工具"选项,或使用"F12"键、"Ctrl+Shift+I"组合键。

第 3 章　简单静态网页爬取

图 3-2　快捷菜单打开 Chrome 开发者工具

Chrome 开发者工具目前包括 9 个面板，界面如图 3-3 所示，本书使用的 Chrome 版本为 64 位 69.0.3497.100，各面板的功能如表 3-6 所示。

图 3-3　Chrome 开发者工具界面

表 3-6　Chrome 开发者工具面板的功能

面　　板	说　　明
元素面板（Elements）	该面板可查看渲染页面所需的 HTML、CSS 和 DOM（Document Object Model）对象，并可实时编辑这些元素调试页面渲染效果
控制台面板（Console）	该面板可记录各种警告与错误信息，并可作为 shell 在页面上与 JavaScript 交互

53

续表

面板	说明
源代码面板（Sources）	该面板可设置调试 JavaScript 的断点
网络面板（Network）	该面板可查看页面请求、下载的资源文件，以及优化网页加载性能。还可查看 HTTP 的请求头、响应内容等
性能面板（Performance）	原旧版 Chrome 中的时间线面板（Timeline），该页面可展示页面加载时所有事件花费时长的完整分析
内存面板（Memory）	原旧版 Chrome 中的分析面板（Profiles），可提供比性能面板更详细的分析，如跟踪内存泄漏等
应用面板（Application）	原旧版 Chrome 中的资源面板（Profiles），该面板可检查加载的所有资源
安全面板（Security）	该面板可调试当前网页的安全和认证等问题，并确保网站上已正确地实现 HTTPS
审查面板（Audits）	该面板可对当前网页的网络利用情况、网页性能方面进行诊断，并给出优化建议

对于爬虫开发来说，常用的面板为元素面板、源代码面板及网络面板。

1．元素面板

在爬虫开发中，元素面板主要用来查看页面元素所对应的位置，如图片所在的位置或文字链接所对应的位置。从面板左侧可看到，当前页面的结构为树状结构，单击三角符号即可展开分支。

依次单击树状结构的三角符号，依次打开"body""header""div""nav""ul"标签，找到第一个"li"标签，如图 3-4 所示。

图 3-4　展开分支并找到第一个"li"标签

将鼠标悬停至"li"标签中的"首页",会同步在原界面中标识出对应部分的文字"首页",如图 3-5 所示。

图 3-5　在原界面中标识出对应部分的文字"首页"

2．源代码面板

源代码面板通常用来调试 JS 代码,但对于爬虫开发而言,还有一个附带的功能可以查看 HTML 源码。在源代码面板的左侧展示了页面包含的文件,单击对应文件即可在中间查看预览,在左侧选择 HTML 文件,将在面板中间展示其完整代码。

切换至源代码面板(Sources),单击左侧"tipdm"文件夹中的"index.html"文件,将在中间显示其包含的完整代码,如图 3-6 所示。

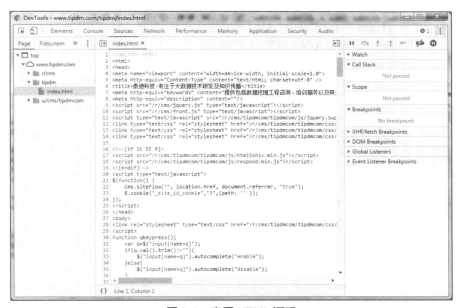

图 3-6　查看 HTML 源码

3．网络面板

对于爬虫开发而言,网络面板主要用于查看页面加载时读取的各项资源,如图片、

55

HTML、JS、页面样式等的详细信息，通过单击某个资源便可以查看该资源的详细信息。

切换至网络面板（Network）后，需先重新加载页面，之后在资源文件名中单击"index.html"资源，则在中间将显示该资源的头部信息、预览、响应信息、Cookies 和花费时间详情，如图 3-7 所示。

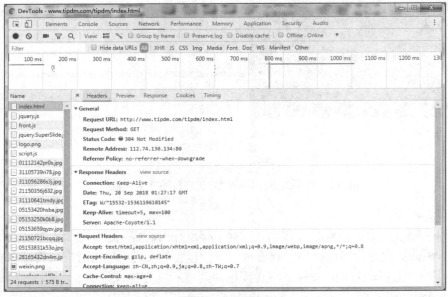

图 3-7　网络面板

根据选择的资源类型，可显示不同的信息，可能包括以下标签信息。

（1）Headers 标签展示该资源的 HTTP 头部信息，主要包括 Request URL、Request Method、Status Code、Remote Address 等基本信息，以及 Response Headers、Request Headers 等详细消息，如图 3-8 所示。

图 3-8　Headers 标签

（2）Preview 标签可根据所选择的资源类型（JSON、图片、文本）来显示相应的预览，如图 3-9 所示。

第 ❸ 章　简单静态网页爬取

图 3-9　Preview 标签

（3）Response 标签可显示 HTTP 的响应信息，如图 3-10 所示，选中的"index.html"文件为 HTML 文件，则将展示 HTML 代码。

图 3-10　Response 标签

（4）Cookies 标签可显示资源 HTTP 的请求和响应过程中的 Cookies 信息，如图 3-11 所示。

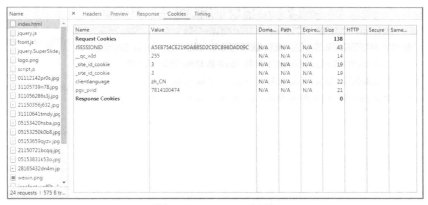

图 3-11　Cookies 标签

（5）Timing 标签可显示资源在整个请求过程中各部分花费的时间，如图 3-12 所示。

57

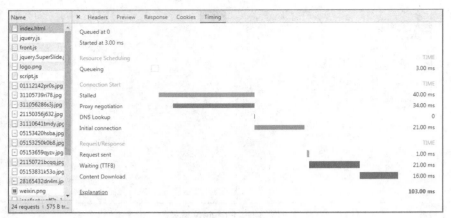

图 3-12　Timing 标签

3.2.2　使用正则表达式解析网页

在编写处理网页文本的程序时，经常会有查找符合某些复杂规则的字符串的需求，而正则表达式正好能满足这一点。正则表达式（Regular Expression）简称 Regex 或 RE，又称为正规表示法或常规表示法，常常用于检索、替换符合某个模式的文本。主要思想为，首先设置一些特殊的字及字符组合，然后通过组合的"规则字符串"来对表达式进行过滤，从而获取或匹配需要的特定内容。正则表达式具有灵活、逻辑性和功能性非常强的特点，能迅速地通过表达式从字符串中找到所需信息的优点，但对于刚接触的人来说，比较晦涩难懂。

本小节将使用正则表达式获取网页内容中的标题内容。

1．Python 正则表达式模块

Python 通过自带的 re 模块提供了对正则表达式的支持。使用 re 模块的步骤为，先将正则表达式的字符串形式编译为 Pattern 实例，然后使用 Pattern 实例处理文本并获得匹配结果（一个 Match 实例），最后使用 Match 实例获得信息，进行其他的操作。re 模块中常用的方法及其说明如表 3-7 所示。

表 3-7　re 模块常用的方法及其说明

方 法 名 称	说　　明
compile	将正则表达式的字符串转化为 Pattern 匹配对象
match	将输入的字符串从头开始对输入的正则表达式进行匹配，如果遇到无法匹配的字符或到达字符串末尾，则立即返回 None，否则获取匹配结果
search	将输入的整个字符串进行扫描，对输入的正则表达式进行匹配，并获取匹配结果，如果没有匹配结果，则输出 None
split	以能够匹配的字符串作为分隔符，将字符串分割后返回一个列表
findall	搜索整个字符串，返回一个包含全部能匹配子串的列表
finditer	与 findall 方法的作用类似，以迭代器的形式返回结果
sub	使用指定内容替换字符串中匹配的每一个子串内容

（1）compile 方法

re 模块中使用 compile 方法可以将正则表达式的字符串转化为 Pattern 匹配对象，其基本的语法格式如下。

```
re.compile(pattern,flags=0)
```

compile 方法常用的参数及其说明如表 3-8 所示。

表 3-8　compile 方法常用的参数及其说明

参数名称	说　　明
pattern	接收 str。表示需要转换的正则表达式的字符串。无默认值
flags	接收 str。表示匹配模式，取值为运算符"|"时表示同时生效，如 re.I|re.M。默认为 0

flag 参数的可选值如表 3-9 所示。

表 3-9　flag 参数的可选值

可 选 值	说　　明
re.I	忽略大小写
re.M	多行模式，改变"^"和"$"的行为
re.S	将"."修改为任意匹配模式，改变"."的行为
re.L	使预定字符类\w\W\b\B\s\S，取决于当前区域设定
re.U	使预定字符类\w\W\b\B\s\S\d\D，取决于 unicode 定义的字符属性
re.X	详细模式，该模式下正则表达式可为多行，忽略空白字符并可加入注释

（2）search 方法

search 方法可将输入的整个字符串进行扫描，并对输入的正则表达式进行匹配，若无可匹配字符，则将立即返回 None，否则获取匹配结果。search 方法的基本语法格式如下。

```
re.search(pattern,string,flags=0)
```

search 方法常用的参数及其说明如表 3-10 所示。

表 3-10　search 方法常用的参数及其说明

参数名称	说　　明
pattern	接收 Pattern 实例。表示转换后的正则表达式。无默认值
string	接收 str。表示输入的需要匹配的字符串。无默认值
flags	接收 str。表示匹配模式，取值为运算符"|"时表示同时生效，如 re.I|re.M。默认为 0

search 方法中输入的 pattern 参数需要使用 complite 方法先转换为正则表达式的字符串。使用 search 方法匹配字符串中的数字，如代码 3-12 所示。

代码 3-12　使用 search 方法匹配字符串中的数字

```
>>> import re
```

```
>>> pat = re.compile(r'\d+')    # 转换用于匹配数字的正则表达式
>>> print('成功匹配: ', re.search(pat,'abc45'))      # 成功匹配到 45
成功匹配: <_sre.SRE_Match object; span=(3, 5), match='45'>
```

（3）findall 方法

findall 方法可搜索整个 string，并返回一个包含全部能匹配的子串的列表，其基本语法格式如下。

re.**findall**(pattern,string,flags=0)

findall 方法常用的参数及其说明如表 3-11 所示。

表 3-11 findall 方法常用的参数及其说明

参 数 名 称	说　　　明
pattern	接收 Pattern 实例。表示转换后的正则表达式。无默认值
string	接收 str。表示输入的需要匹配的字符串。无默认值
flags	接收 str。表示匹配模式，取值为运算符"|"时表示同时生效，如 re.I|re.M。默认为 0

使用 findall 方法找出字符串中的所有数字，如代码 3-13 所示。

代码 3-13　使用 findall 方法找出字符串中的所有数字

```
>>> import re
>>> pat = re.compile(r'\d+')    # 转换用于匹配数字的正则表达式
>>> print('成功找出: ', re.findall(pat,'ab2c3ed'))   # 找出其中的 2、3
成功找出: ['2', '3']
```

2．获取网页中的标题内容

分别使用 re 库中的 search 方法和 findall 方法查找网页内容中的 title 内容，如代码 3-14 所示。

代码 3-14　使用正则表达式查找网页内容中的 title 内容

```
>>> import re
>>> # 调用网页内容
>>> import requests
>>> import chardet
>>> url = 'http://www.tipdm.com/tipdm/index.html'
>>> ua = {'User-Agent' : 'Mozilla/5.0 (Windows NT 6.1; Win64; x64) Chrome/65.0.3325.181'}
>>> rqg = requests.get(url,headers = ua)
>>> rqg.encoding = chardet.detect(rqg.content)['encoding']
>>> # 使用 search 方法查找 title 中的内容
>>> title_pattern = r'(?<=<title>).*?(?=</title>)'
>>> title_com = re.compile(title_pattern,re.M|re.S)
>>> title_search = re.search(title_com,rqg.text)
```

```
>>> title = title_search.group()
>>> print('标题内容: ', title)
标题内容: 泰迪科技-专注于大数据技术研发及知识传播
>>> # 使用findall方法查找title中的内容
>>> print('标题内容: ', re.findall(r'<title>(.*?)</title>',rqg.text))
标题内容: ['泰迪科技-专注于大数据技术研发及知识传播']
```

使用正则表达式无法很好地定位特定节点并获取其中的链接和文本内容,而使用 Xpath 和 Beautiful Soup 能较为便利地实现这个功能。

3.2.3 使用 Xpath 解析网页

XML 路径语言(XML Path Language,XPath)是一门在 XML 文档中查找信息的语言。XPath 最初被设计用来搜寻 XML 文档,但是同样适用于 HTML 文档的搜索。XPath 的选择功能十分强大,它提供了非常简洁明了的路径选择表达式,还提供了超过 100 个内建函数,用于字符串、数值、时间的匹配,以及节点、序列的处理等等,几乎所有定位的节点都可以用 XPath 来选择。

本小节将使用 Xpath 定位并获取 title 节点中的文本内容,以及 header 节点下的全部标题文本和对应链接。

1. 基本语法

使用 Xpath 需要从 lxml 库中导入 etree 模块,还需要使用 HTML 类对需要匹配的 HTML 对象进行初始化。HTML 类的基本语法格式如下。

```
lxml.etree.HTML(text, parser=None, *, base_url=None)
```

HTML 类的常用参数及其说明如表 3-12 所示。

表 3-12 HTML 类的常用参数及其说明

参数名称	说明
text	接收 str。表示需要转换为 HTML 的字符串。无默认值
parser	接收 str。表示选择的 HTML 解析器。无默认值
base_url	接收 str。表示文档的原始 URL,用于查找外部实体的相对路径。默认为 None

使用 HTML 类将网页内容初始化,并打印初始化后的网页内容,如代码 3-15 所示。

代码 3-15 使用 HTML 类将网页内容初始化并打印

```
>>> # 导入etree模块
>>> from lxml import etree
>>> # 初始化HTML
>>> html = rqg.content.decode('utf-8')
>>> html = etree.HTML(html,parser=etree.HTMLParser(encoding='utf-8'))
>>> # 输出修正后的HTML(如有必要)
>>> result   =   etree.tostring(html,encoding='utf-8',pretty_print=True,method="html")
```

```
>>> print('修正后的HTML: ', result)
修正后的HTML: b'<!DOCTYPE HTML>\n<html>\n<head>\n<meta name="viewport" content=
"width=device-width, initial-scale=1.0">\n<meta http-equiv="Content-Type"
content="text/html; charset=utf-8" …… $(\'#cs_close\').bind(\'click\',
function(){\n $(\'#cs_box\').hide();\n });\n </script> \n</div>\n</body>\n
</html>
>>> print(result.decode('utf-8'))
<!DOCTYPE HTML>
<html>
<head>
<meta name="viewport" content="width=device-width, initial-scale=1.0">
<meta http-equiv="Content-Type" content="text/html; charset=utf-8" />
<title>泰迪科技-专注于大数据技术研发及知识传播</title>
……
  $('#cs_close').bind('click',function(){
    $('#cs_box').hide();
  });
  </script>
</div>
</body>
</html>
```

注：由于输出结果太长，此处部分结果已经省略。

在代码3-15中，首先调用HTML类对Requests库请求回来的网页进行初始化，这样就成功构造了一个XPath解析对象。若HTML中的节点没有闭合，etree模块也可提供自动补全功能。调用tostring方法即可输出修正后的HTML代码，但是结果为bytes类型，需要使用decode方法将其转成str类型。

也可以直接从本地文件中导入HTML文件，调用保存有网页内容的HTML文件，将其中的内容导入并使用HTML类进行初始化，编码格式设为utf-8，如代码3-16所示。

代码3-16　从本地文件导入HTML并初始化

```
>>> # 从本地文件导入，test.html为保存有网页内容的HTML文件
>>> html_local = etree.parse('./test.html', etree.HTMLParser(encoding=
'utf-8'))
>>> result = etree.tostring(html_local)
>>> print('本地文件导入的HTML: ', result)
本地文件导入的HTML: b'<!DOCTYPE HTML>\n<html>\n<head>\n<meta name="viewport"
content="width=device-width, initial-scale=1.0">\n<meta http-equiv="Content-
Type" content="text/html; charset=utf-8"…… $(\'#cs_close\').bind(\'click\',
function(){\n $(\'#cs_box\').hide();\n });\n </script> \n</div>\n</body>
\n</html>
```

```
>>> print('格式化后的 HTML: ', result.decode('utf-8'))
格式化后的 HTML:  <!DOCTYPE HTML>
<html>
<head>
<meta name="viewport" content="width=device-width, initial-scale=1.0">
<meta http-equiv="Content-Type" content="text/html; charset=utf-8" />
<title>泰迪科技-专注于大数据技术研发及知识传播</title>
……
  $('#cs_close').bind('click',function(){
    $('#cs_box').hide();
  });
  </script>
</div>
</body>
</html>
```

注：由于输出结果太长，此处部分结果已经省略。

Xpath 可使用类似正则的表达式来匹配 HTML 文件中的内容，常用的表达式如表 3-13 所示。

表 3-13 Xpath 常用的表达式

表 达 式	说 明
nodename	选取 nodename 节点的所有子节点
/	从当前节点选取直接子节点
//	从当前节点选取所有子孙节点
.	选取当前节点
..	选取当前节点的父节点
@	选取属性

在表 3-13 中，子节点表示当前节点的下一层节点，子孙节点表示当前节点的所有下层节点，父节点表示当前节点的上一层节点。

使用 Xpath 方法进行匹配时，可按表达式查找对应位置，并输出至一个列表内。使用名称定位 head 节点，分别使用层级结构、名称定位 head 节点下的 title 节点，如代码 3-17 所示。

代码 3-17 使用表达式定位 head 和 title 节点

```
>>> # 通过名称定位 head 节点
>>> result = html.xpath('head')
>>> print('名称定位结果: ', result)
名称定位结果:  [<Element head at 0xb5513c8>]
```

```
>>> # 按节点层级定位title节点
>>> result1 = html.xpath('/html/head/title')
>>> print('节点层级定位结果: ', result1)
节点层级定位结果: [<Element title at 0xb48bc48>]
>>> # 通过名称定位title节点
>>> result2 = html.xpath('title')
>>> print('名称定位title节点结果: ', result2)
名称定位title节点结果: []
>>> # 另一种方式定位title节点
>>> result3 = html.xpath('//title')
>>> print('搜索定位title节点结果: ', result3)
搜索定位title节点结果: [<Element title at 0xb48bc48>]
```

在代码 3-17 中，直接使用名称无法定位子孙节点的 title 节点，因为名称只能定位子节点的 head 节点或 body 节点。

2. 谓语

Xpath 中的谓语可用来查找某个特定的节点或包含某个指定的值的节点，谓语被嵌在路径后的方括号中，如表 3-14 所示。

表 3-14　Xpath 谓语常用的表达式

表达式	说明
/html/body/div[1]	选取属于 body 子节点的第一个 div 节点
/html/body/div[last()]	选取属于 body 子节点的最后一个 div 节点
/html/body/div[last()-1]	选取属于 body 子节点的倒数第二个 div 节点
/html/body/div[position()<3]	选取属于 body 子节点的前两个 div 节点
/html/body/div[@id]	选取属于 body 子节点的带有 id 属性的 div 节点
/html/body/div[@id="content"]	选取属于 body 子节点的 id 属性值为 content 的 div 节点
/html /body/div[xx>10.00]	选取属于 body 子节点的 xx 元素值大于 10 的节点

使用谓语时，将表达式加入 Xpath 的路径中即可。

使用谓语定位带有 class 属性的 header 节点和 id 属性为 menu 的 ul 节点，如代码 3-18 所示。

代码 3-18　使用谓语定位 header 和 ul 节点

```
>>> # 定位header节点
>>> result1 = html.xpath('//header[@class]')
>>> print('class属性定位结果: ', result1)
class属性定位结果: [<Element header at 0xb5519c8>]
>>> # 定位ul节点
>>> result2 = html.xpath('//ul[@id="menu"]')
```

```
>>> print('id属性定位结果: ', result2)
id属性定位结果: [<Element ul at 0xb758bc8>]
```

3. 功能函数

Xpath中还提供了进行模糊搜索的功能函数,有时仅掌握了对象的部分特征,当需要模糊搜索该类对象时,可使用功能函数来实现,如表3-15所示。

表3-15 Xpath常用的功能函数

功能函数	示例	说明
starts-with	//div[starts-with(@id,"co")]	选取id值以co开头的div节点
contains	//div[contains(@id,"co")]	选取id值包含co的div节点
and	//div[contains(@id,"co") and contains(@id,"en")]	选取id值包含co和en的div节点
text	//li[contains(text(),"first")]	选取节点文本包含first的div节点

text函数也可用于提取文本内容。定位title节点并获取title节点内的文本内容,如代码3-19所示。

代码3-19 定位并获取title节点内的文本内容

```
>>> # 获取title节点的文本内容
>>> title = html.xpath('//title/text()')
>>> print('title节点的文本内容: ', title)
title节点的文本内容: ['泰迪科技-专注于大数据技术研发及知识传播']
```

4. 提取header节点下的全部标题文本及对应链接

使用text函数可以提取某个单独子节点下的文本,若想提取出定位到的子节点及其子孙节点下的全部文本,则需要使用string方法来实现。

使用HTML类将网页内容初始化,header节点下全部标题文本及对应链接都位于该节点的子节点ul节点下,使用谓语定位id值以me开头的ul节点,并使用text函数获取其所有子孙节点a内的文本内容,使用@选取href属性,从而实现提取所有子孙节点a内的链接,最后使用string方法直接获取ul节点及其子孙节点中的所有文本内容,如代码3-20所示。

代码3-20 提取ul节点下的所有文本内容和对应链接

```
>>> # 定位id值以me开头的ul节点并提取其所有子孙节点a内的文本内容
>>> content=html.xpath('//ul[starts-with(@id,"me")]/li//a/text()')
>>> for i in content:
 print(i)
首页
走进泰迪
产品服务
解决方案
```

```
培训认证
商务合作
泰迪动态
>>> # 提取对应链接
>>> url_list = html.xpath('//ul[starts-with(@id,"me")]/li//a/@href')
>>> for i in url_list:
    print(i)
/
/tipdm/zjtd/
/tipdm/cpfw/
/tipdm/jjfa/
/tipdm/pxrz/
/tipdm/swhz/
/tipdm/tddt/
>>> # 定位 id 值以 me 开头的 ul 节点
>>> target=html.xpath('//ul[starts-with(@id,"me")]')
>>> # 提取该节点下的全部文本内容
>>> target_text = target[0].xpath('string(.)').strip()   # strip 方法可用于去除多余的空格
>>> print('节点下的全部文本内容：', target_text)
节点下的全部文本内容：  首 页
    走进泰迪
    产品服务
    解决方案
    培训认证
    商务合作
    泰迪动态
```

3.2.4 使用 Beautiful Soup 库解析网页

Beautiful Soup 是一个可以从 HTML 或 XML 文件中提取数据的 Python 库。它提供了一些简单的函数用来处理导航、搜索、修改分析树等功能。通过解析文档，Beautiful Soup 库可为用户提供需要抓取的数据，非常简便，仅需少量代码就可以写出一个完整的应用程序。

目前，Beautiful Soup 3 已经停止开发，大部分的爬虫选择使用 Beautiful Soup 4 开发。Beautiful Soup 不仅支持 Python 标准库中的 HTML 解析器，还支持一些第三方的解析器，如表 3-16 所示。

本书中使用 lxml HTML 作为解析器。本小节将使用 Beautiful Soup 定位并获取 title 节点中的文本内容，以及 header 节点下 ul 节点中的全部标题文本和对应链接。

表 3-16 HTML 解析器对比

解析器	语法格式	优点	缺点
Python 标准库	BeautifulSoup(markup, "html.parser")	Python 的内置标准库；执行速度适中；文档容错能力强	Python 2.7.3 或 3.2.2 前的版本的文档容错能力差
lxml HTML 解析器	BeautifulSoup(markup, "lxml")	速度快；文档容错能力强	需要安装 C 语言库
lxml XML 解析器	BeautifulSoup(markup, ["lxml-xml"]) BeautifulSoup(markup, "xml")	速度快；唯一支持 XML 的解析器	需要安装 C 语言库
html5lib	BeautifulSoup(markup, "html5lib")	最好的容错性；以浏览器的方式解析文档；生成 HTML5 格式的文档	速度慢；不依赖外部扩展

1. 创建 BeautifulSoup 对象

要使用 Beautiful Soup 库解析网页，首先需要创建 BeautifulSoup 对象，通过将字符串或 HTML 文件传入 Beautiful Soup 库的构造方法可以创建一个 BeautifulSoup 对象，使用格式如下。

```
BeautifulSoup("<html>data</html>")     # 通过字符串创建
BeautifulSoup(open("index.html"))      # 通过 HTML 文件创建
```

生成的 BeautifulSoup 对象可通过 prettify 方法进行格式化输出，其基本语法格式如下。

```
BeautifulSoup.prettify(encoding=None, formatter='minimal')
```

prettify 方法常用的参数及其说明如表 3-17 所示。

表 3-17 prettify 方法常用的参数及其说明

参数名称	说明
encoding	接收 str。表示格式化时使用的编码。默认为 None
formatter	接收 str。表示格式化的模式。默认为 minimal，表示按最简化的格式化将字符串处理成有效的 HTML/XML

将网页内容转化为 BeautifulSoup 对象，并格式化输出，如代码 3-21 所示。

代码 3-21 将网页内容转化为 BeautifulSoup 对象并格式化输出

```
>>> from bs4 import BeautifulSoup
>>> # 调用网页内容
>>> import requests
>>> import chardet
>>> url = 'http://www.tipdm.com/tipdm/index.html'
```

```
>>> ua = {'User-Agent' : 'Mozilla/5.0 (Windows NT 6.1; Win64; x64)
Chrome/65.0.3325.181'}
>>> rqg = requests.get(url,headers = ua)
>>> rqg.encoding = chardet.detect(rqg.content)['encoding']
>>> # 初始化 HTML
>>> html = rqg.content.decode('utf-8')
>>> soup = BeautifulSoup(html, 'lxml')   # 生成 BeautifulSoup 对象
>>> print('输出格式化的 BeautifulSoup 对象：', soup.prettify())   # 输出格式化的
BeautifulSoup 对象
输出格式化的 BeautifulSoup 对象： <!DOCTYPE HTML>
<html>
<head>
<meta name="viewport" content="width=device-width, initial-scale=1.0">
<meta http-equiv="Content-Type" content="text/html; charset=utf-8" />
<title>泰迪科技-专注于大数据技术研发及知识传播</title>
……
  $('#cs_close').bind('click',function(){
    $('#cs_box').hide();
  });
  </script>
</div>
</body>
</html>
```

注：由于输出结果太长，此处部分结果已经省略。

2. 对象类型

Beautiful Soup 库可将 HTML 文档转换成一个复杂的树形结构，每个节点都是 Python 对象，对象类型可以归纳为 4 种：Tag、NavigableString、BeautifulSoup、Comment。

（1）Tag

Tag 对象为 HTML 文档中的标签，形如 "<title>The Dormouse's story</title>" 或 "<p class="title"><b>The Dormouse's story</b></p>" 等 HTML 标签，再加上其中包含的内容便是 Beautiful Soup 库中的 Tag 对象。

通过 Tag 名称可以很方便地在文档树中获取需要的 Tag 对象，使用 Tag 名称查找的方法只能获取文档树中第一个同名的 Tag 对象，而通过多次调用可获取某个 Tag 对象下的分支 Tag 对象。通过 find_all 方法可以获取文档树中的全部同名 Tag 对象，如代码 3-22 所示。

代码 3-22 通过 find_all 方法获取全部同名 Tag 对象

```
>>> print('获取 head 标签：', soup.head)   # 获取 head 标签
获取 head 标签：   <head>
<meta content="width=device-width, initial-scale=1.0" name="viewport"/>
<meta content="text/html; charset=utf-8" http-equiv="Content-Type"/>
```

```
<title>泰迪科技-专注于大数据技术研发及知识传播</title>
……
</script>
</head>
>>> soup.title            # 获取title 标签
<title>泰迪科技-专注于大数据技术研发及知识传播</title>
>>> print('获取第一个a 标签: ', soup.body.a)       # 获取body 标签中的第一个a 标签
获取第一个a 标签: <a class="logo" href="/"><img src="/r/cms/tipdmcom/tipdmcom/
tip/logo.png" srcset="/r/cms/tipdmcom/tipdmcom/tip/logo@2x.png 2x"/></a>
>>> print('所有名称为a 的标签的个数: ' , len(soup.find_all('a')))   # 获取所有名称为
a 的标签的个数
所有名称为a 的标签的个数: 59
```

注：由于输出结果太长，此处部分结果已经省略。

Tag 对象有两个非常重要的属性：name 和 attributes。

name 属性可通过 name 方法来获取和修改，修改过后的 name 属性将会应用至 BeautifulSoup 对象生成的 HTML 文档。获取 Tag 对象的 name 属性并修改属性值，如代码 3-23 所示。

代码 3-23　获取 Tag 对象的 name 属性并修改属性值

```
>>> print('soup 的 name: ' , soup.name)            # 获取soup 的name
soup 的name: [document]
>>> print('a 标签的name: ' , soup.a.name)          # 获取a 标签的name
a 标签的name: a
>>> tag = soup.a
>>> print('tag 的name: ' , tag.name)               # 获取tag 的name
tag 的name: a
>>> print('tag 的内容: ' , tag)
tag 的内容: <a class="logo" href="/"><img src="/r/cms/tipdmcom/tipdmcom/tip/
logo.png" srcset="/r/cms/tipdmcom/tipdmcom/tip/logo@2x.png 2x"/></a>
>>> tag.name = 'b'   # 修改tag 的name
>>> print('修改name 后tag 的内容: ' , tag)         # 查看修改name 后的HTML
修改name 后tag 的内容: <b class="logo" href="/"><img src="/r/cms/tipdmcom/
tipdmcom/tip/logo.png"  srcset="/r/cms/tipdmcom/tipdmcom/tip/logo@2x.png
2x"/></b>
```

attributes 属性表示 Tag 对象标签中 HTML 文本的属性，通过 attrs 属性可获取 Tag 对象的全部 attributes 属性，返回的值为字典，修改或增加等操作方法与字典相同。获取 Tag 对象的 attributes 属性并修改属性值，如代码 3-24 所示。

代码 3-24　获取 Tag 对象的 attributes 属性并修改属性值

```
>>> print('Tag 对象的全部属性: ' , tag.attrs)   # 获取Tag 对象的全部属性
Tag 对象的全部属性: {'class': ['logo'], 'href': '/'}
```

```
>>> print('class 属性的值: ', tag['class'])  # 获取 class 属性的值
class 属性的值:    ['logo']
>>> tag['class'] = 'Logo'  # 修改 class 属性的值
>>> print('修改后 Tag 对象的属性: ', tag.attrs)
修改后 Tag 对象的属性:  {'class': 'Logo', 'href': '/'}
>>> tag['id'] = 'logo'  # 新增属性 id, 赋值为 logo
>>> del tag['class']  # 删除 class 属性
>>> print('修改后 tag 的内容: ', tag)
修改后 tag 的内容:  <b href="/" id="logo"><img src="/r/cms/tipdmcom/tipdmcom/tip/logo.png" srcset="/r/cms/tipdmcom/tipdmcom/tip/logo@2x.png 2x"/></b>
```

（2）NavigableString

NavigableString 对象为包含在 Tag 对象中的文本字符串内容，如"<title>The Dormouse's story</title>"中的 "The Dormouse's story"，可使用 string 的方法获取，NavigableString 对象无法被编辑，但可以使用 replace_with 的方法进行替换。获取 title 标签中的 NavigableString 对象并替换内容，如代码 3-25 所示。

代码 3-25　获取 title 标签中的 NavigableString 对象并替换内容

```
>>> tag = soup.title
>>> print('Tag 对象中包含的字符串: ', tag.string)  # 获取 Tag 对象中包含的字符串
Tag 对象中包含的字符串:    泰迪科技-专注于大数据技术研发及知识传播
>>> print('tag.string 的类型: ', type(tag.string))  # 查看类型
tag.string 的类型:    bs4.element.NavigableString
>>> tag.string.replace_with('泰迪科技')  # 替换字符串内容
>>> print('替换后的内容: ', tag.string)
替换后的内容:    泰迪科技
```

（3）BeautifulSoup

BeautifulSoup 对象表示的是一个文档的全部内容。大部分时候，可以把它当作 Tag 对象。BeautifulSoup 对象并不是真正的 HTML 或 XML 的 Tag 对象，所以并没有 Tag 对象的 name 和 attribute 属性，但其包含了一个值为 "[document]" 的特殊 name 属性。查看 BeautifulSoup 对象的类型和相关属性，如代码 3-26 所示。

代码 3-26　查看 BeautifulSoup 对象的类型和相关属性

```
>>> print('soup 的类型: ', type(soup))  # 查看类型
soup 的类型:    bs4.BeautifulSoup
>>> print('BeautifulSoup 对象的特殊 name 属性: ', soup.name)  # BeautifulSoup 对象的特殊 name 属性
BeautifulSoup 对象的特殊 name 属性:    [document]
>>> print('soup.name 的类型: ', type(soup.name))
soup.name 的类型:    str
>>> print('BeautifulSoup 对象的 attribute 属性: ', soup.attrs)  # BeautifulSoup 对象的 attribute 属性为空
BeautifulSoup 对象的 attribute 属性: {}
```

（4）Comment

Tag 对象、NavigableString 对象、BeautifulSoup 对象几乎覆盖了 HTML 和 XML 中的所有内容，但是还有一些特殊对象。文档的注释部分是最容易与 Tag 对象中的文本字符串混淆的部分。在 Beautiful Soup 库中，将文档的注释部分识别为 Comment 类型，Comment 对象是一个特殊类型的 NavigableString 对象，但是当其出现在 HTML 文档中时，Comment 对象会使用特殊的格式输出，需调用 prettify 函数获取节点的 Comment 对象并输出内容，如代码 3-27 所示。

代码 3-27　获取节点的 Comment 对象并输出内容

```
>>> markup = '<c><!--This is a markup--></b>'
>>> soup_comment = BeautifulSoup(markup, 'lxml')
>>> comment = soup_comment.c.string        # Comment 对象也由 string 方法获取
>>> print('注释的内容：', comment)         # 直接输出时与一般 NavigableString 对象一致
注释的内容： This is a markup
>>> print('注释的类型：', type(comment))    # 查看类型
注释的类型： bs4.element.Comment
```

3. 搜索特定节点并获取其中的链接及文本

Beautiful Soup 库中定义了很多搜索方法，其中常用的有 find 方法和 find_all 方法，两者的参数一致，区别为 find_all 方法的返回结果是只包含一个元素的列表，而 find 方法返回的直接是结果。

find_all 方法可用于搜索文档树中的 Tag 对象，非常方便，其基本语法格式如下。

```
BeautifulSoup.find_all(name, attrs, recursive, string, limit, **kwargs)
```

find_all 方法常用的参数及其说明如表 3-18 所示。

表 3-18　find_all 方法常用的参数及其说明

参数名称	说　　明
name	接收 str。表示查找所有名字为 name 的 Tag 对象，字符串对象会被自动忽略掉，搜索 name 参数的值时可以使用任一类型的过滤器，如字符串、正则表达式、列表、方法或 True。默认值为 None
attrs	接收 str。表示查找符合 CSS 类名的 Tag 对象，使用 class 做参数会导致语法错误，从 Beautiful Soup 库的 4.1.1 版本开始，可以通过 class 参数搜索有指定 CSS 类名的 Tag 对象。默认为空
recursive	接收 Built-in。表示是否检索当前 Tag 对象的所有子孙节点。默认为 True，若只想搜索 Tag 对象的直接子节点，可将该参数设为 False
string	接收 str。表示搜索文档中匹配传入的字符串的内容，与 name 参数的可选值一样，string 参数也接收多种过滤器。无默认值
**kwargs	若一个指定名字的参数不是搜索内置的参数名，搜索时会把该参数当作指定名字的 Tag 对象的属性来搜索

find_all 方法可通过多种参数遍历搜索文档树中符合条件的所有子节点。

（1）可通过 name 参数搜索同名的全部子节点，并接收多种过滤器。

（2）按照 CSS 类名可模糊匹配或完全匹配。完全匹配 class 的值时，如果 CSS 类名的顺序与实际不符，将搜索不到结果。

（3）若 Tag 对象的 class 属性是多值属性，可以分别搜索 Tag 对象中的每个 CSS 类名。

（4）通过字符串内容搜索符合条件的全部子节点，可通过过滤器操作。

（5）通过传入的关键字参数，搜索匹配关键字的子节点。

使用 find_all 方法搜索到指定节点后，使用 get 方法可获取列表中的节点所包含的链接，而使用 get_text 方法可获取其中的文本内容。

先通过 BeautifulSoup 函数将网页内容转换为一个 BeautifulSoup 对象，之后使用 find_all 方法定位 title 节点，分别使用 string 属性和 get_text 方法获取 title 节点内的标题文本，再使用 find_all 方法定位 header 节点下的 ul 节点，分别使用 get 方法、get_text 方法获取其每个子孙节点 a 的链接和文本内容，如代码 3-28 所示。

代码 3-28　使用 find_all 方法定位节点并使用 get 和 get_text 方法获取节点的链接和文本

```
>>> # 通过 name 参数搜索名为 title 的全部子节点
>>> print('名为 title 的全部子节点：', soup.find_all("title"))
名为 title 的全部子节点： [<title>泰迪科技-专注于大数据技术研发及知识传播</title>]
>>> print('title 子节点的文本内容：', soup.title.string)
title 子节点的文本内容： 泰迪科技-专注于大数据技术研发及知识传播
>>> print('使用 get_text()获取的文本内容：', soup.title.get_text())
使用 get_text()获取的文本内容： 泰迪科技-专注于大数据技术研发及知识传播
>>> target = soup.find_all('ul', class_='menu')  # 按照 CSS 类名完全匹配
>>> print('CSS 类名匹配获取的节点：', target)
CSS 类名匹配获取的节点： [<ul class="menu" id="menu">
<li class=" on"><a class="a1" href="/">首 页</a></li>
<li><a href="/tipdm/zjtd/">走进泰迪</a></li>
<li><a href="/tipdm/cpfw/">产品服务</a></li>
<li><a href="/tipdm/jjfa/">解决方案</a></li>
<li><a href="/tipdm/pxrz/">培训认证</a></li>
<li><a href="/tipdm/swhz/">商务合作</a></li>
<li><a href="/tipdm/tddt/">泰迪动态</a></li>
</ul>]
>>> target = soup.find_all(id='menu')  # 传入关键字 id，搜索符合条件的节点
>>> print('关键字 id 匹配的节点：', target)
关键字 id 匹配的节点： [<ul class="menu" id="menu">
<li class=" on"><a class="a1" href="/">首 页</a></li>
<li><a href="/tipdm/zjtd/">走进泰迪</a></li>
<li><a href="/tipdm/cpfw/">产品服务</a></li>
<li><a href="/tipdm/jjfa/">解决方案</a></li>
```

```
<li><a href="/tipdm/pxrz/">培训认证</a></li>
<li><a href="/tipdm/swhz/">商务合作</a></li>
<li><a href="/tipdm/tddt/">泰迪动态</a></li>
</ul>]
>>> target = soup.ul.find_all('a')
>>> print('所有名称为a的节点：' , target)
所有名称为a的节点：[<a class="a1" href="/">首 页</a>,
<a href="/tipdm/zjtd/">走进泰迪</a>,
<a href="/tipdm/cpfw/">产品服务</a>,
<a href="/tipdm/jjfa/">解决方案</a>,
<a href="/tipdm/pxrz/">培训认证</a>,
<a href="/tipdm/swhz/">商务合作</a>,
<a href="/tipdm/tddt/">泰迪动态</a>]
>>> # 创建两个空列表用于存放链接及文本
>>> urls = []
>>> text = []
>>> # 分别提取链接和文本
>>> for tag in target:
    urls.append(tag.get('href'))
    text.append(tag.get_text())
>>> for url in urls:
    print(url)
/
/tipdm/zjtd/
/tipdm/cpfw/
/tipdm/jjfa/
/tipdm/pxrz/
/tipdm/swhz/
/tipdm/tddt/
>>> for i in text:
    print(i)
首 页
走进泰迪
产品服务
解决方案
培训认证
商务合作
泰迪动态
```

任务 3.3　数据存储

任务描述

爬虫通过解析网页获取页面中的数据后，还需要将获得的数据存储下来以供后续分析。使用 JSON 模块将 Xpath 获取的文本内容存储为 JSON 文件，使用 PyMySQL 库将 Beautiful Soup 库获取的标题存入 MySQL 数据库。

任务分析

（1）使用 JSON 模块将 Xpath 获取的文本内容存储为 JSON 文件。
（2）使用 PyMySQL 库将 Beautiful Soup 库获取的标题存储入 MySQL 数据库。

3.3.1　将数据存储为 JSON 文件

JSON 文件的操作在 Python 中分为解码和编码两种，都通过 JSON 模块来实现。其中，编码过程为将 Python 对象转换为 JSON 对象的过程，而解码则反而为之，其将 JSON 对象转换为 Python 对象。

将数据存储为 JSON 文件的过程为一个编码过程，编码过程常用 dump 函数和 dumps 函数。两者的区别在于，dump 函数将 Python 对象转换为 JSON 对象，并通过 fp 文件流将 JSON 对象写入文件内，而 dumps 函数则生成一个字符串。

dump 函数和 dumps 函数的基本语法格式如下。

```
json.dump(obj,fp,skipkeys=False,     ensure_ascii=True,    check_circular=True,
allow_nan=True,
cls=None,indent=None,separators=None,encoding='utf-8',              default=None,
sort_keys=False, **kw)
json.dumps(obj,skipkeys=False,       ensure_ascii=True,    check_circular=True,
allow_nan=True,
cls=None,indent=None,separators=None,encoding='utf-8',              default=None,
sort_keys=False, **kw)
```

dump 函数和 dumps 函数常用的参数及其说明如表 3-19 所示，将数据存储为 JSON 文件时主要使用的是 dump 函数。

表 3-19　dump 函数和 dumps 函数常用的参数及其说明

参数名称	说　　明
skipkeys	接收 Built-in。表示是否跳过非 Python 基本类型的 key，若 dict 的 keys 内的数据为非 Python 基本类型，即不是 str、unicode、int、long、float、bool、None 等类型，则设置该参数为 False 时，会报 TypeError 错误。默认值为 False，设置为 True 时，跳过此类 key
ensure_ascii	接收 Built-in。表示显示格式，若 dict 内含有非 ASCII 的字符，则会以类似"\uXXX"的格式显示。默认值为 True，设置为 False 后，将会正常显示
indent	接收 int。表示显示的行数，若为 0 或为 None，则在一行内显示数据，否则将会换行显示数据且按照 indent 的数量显示前面的空白，同时将 JSON 内容格式化显示。默认为 None

续表

参数名称	说 明
separators	接收 str。表示分隔符，实际上为（item_separator,dict_separator）的一个元组，默认为(',',':')，表示 dictionary 内的 keys 之间用","隔开，而 key 和 value 之间用":"隔开。默认为 None
encoding	接收 str。表示设置的 JSON 数据的编码形式，处理中文时需要注意此参数的值。默认为 UTF-8
sort_keys	接收 Built-in。表示是否根据 keys 的值进行排序。默认为 False，为 True 时数据将根据 keys 的值进行排序

写入文件时需要先序列化 Python 对象，否则会报错。

使用 Xpath 获取标题菜单的文本，再使用 dump 方法将获取到的文本写入 JSON 文件，如代码 3-29 所示。

代码 3-29　将获取的文本使用 dump 方法写入 JSON 文件

```
>>> import json
>>> # 使用 Requests 和 Xpath 获取数据
>>> from lxml import etree
>>> import requests
>>> import chardet
>>> url = 'http://www.tipdm.com/tipdm/index.html'
>>> ua = {'User-Agent' : 'Mozilla/5.0 (Windows NT 6.1; Win64; x64) Chrome/65.0.3325.181'}
>>> rqg = requests.get(url,headers = ua)
>>> rqg.encoding = chardet.detect(rqg.content)['encoding']
>>> html = rqg.content.decode('utf-8')
>>> html = etree.HTML(html,parser=etree.HTMLParser(encoding='utf-8'))
>>> content=html.xpath('//ul[starts-with(@id,"me")]/li//a/text()')
>>> print('标题菜单的文本：', content)
标题菜单的文本： ['首 页','走进泰迪','产品服务','解决方案','培训认证','商务合作','泰迪动态']
>>> # 使用 dump 方法写入文件
>>> with open('output.json','w') as fp:
        json.dump(content,fp)
```

3.3.2　将数据存储到 MySQL 数据库

PyMySQL 与 MySQLdb 都是 Python 中用来操作 MySQL 的库，两者的使用方法基本一致，唯一的区别在于，PyMySQL 支持 Python 3.X 版本，而 MySQLdb 不支持。

1. 连接方法

PyMySQL 库使用 connect 函数连接数据库，connect 函数的基本语法格式如下。

```
pymysql.connect(host,port,user,passwd,db,charset,connect_timeout,use_unicode
)
```

connect 函数有很多参数可供使用，常用的参数及其说明如表 3-20 所示。

表 3-20　connect 函数常用的参数及其说明

参 数 名 称	说　　明
host	接收 str。表示数据库地址，本机地址通常为 127.0.0.1。默认为 None
port	接收 str。表示数据库端口，通常为 3306。默认为 0
user	接收 str。数据库用户名，管理员用户为 root。默认为 None
passwd	接收 str。表示数据库密码。默认为 None
db	接收 str。表示数据库库名。无默认值
charset	接收 str。表示插入数据库时的编码。默认为 None
connect_timeout	接收 int。表示连接超时时间，以秒为单位。默认为 10
use_unicode	接收 str。表示结果以 unicode 字符串的格式返回。默认为 None

使用 connect 函数时可以不加参数名，但参数的位置需要对应，分别是主机、用户、密码和初始连接的数据库名，且不能互换位置，通常更推荐带参数名的连接方式，如代码 3-30 所示。

代码 3-30　使用 connect 函数连接数据库

```
>>> import pymysql
>>> # 使用参数名创建连接
>>> conn = pymysql.connect(host='127.0.0.1', port=3306, user='root',
passwd='root', db='test', charset='utf8',
connect_timeout=1000)
>>> # 不使用参数名创建连接
>>> conn = pymysql.connect('127.0.0.1', 'root', 'root', 'test')
```

2．数据库操作函数

PyMySQL 库中可以使用函数返回的连接对象 connect 进行操作，常用的函数如表 3-21 所示。

表 3-21　常用的 connect 对象操作的函数

函　　数	说　　明
commit	提交事务。对支持事务的数据库或表，若提交修改操作后，不使用该方法，则不会写入数据库中
rollback	事务回滚。在没有 commit 的前提下，执行此方法时，回滚当前事务
cursor	创建一个游标对象。所有的 SQL 语句的执行都需要在游标对象下进行

第 3 章 简单静态网页爬取

在 Python 操作数据库的过程中，通常主要使用 pymysql.connect.cursor 方法获取游标，或使用 pymysql.cursor.execute 方法对数据库进行操作，如创建数据库及数据表等操作，通常使用更多的为增、删、改、查等基本操作。

游标对象也提供了很多种方法，常用的方法如表 3-22 所示。

表 3-22　游标对象常用的方法

方　　法	说　　明	语　法　格　式
close	关闭游标	cursor.close()
execute	执行 SQL 语句	cursor.execute(sql)
excutemany	执行多条 SQL 语句	cursor.excutemany(sql)
fetchone	获取执行结果中的第一条记录	cursor.fetchone()
fetchmany	获取执行结果中的 n 条记录	cursor.fetchmany(n)
fetchall	获取执行结果的全部记录	cursor.fetchall()
scroll	用于游标滚动	cursor.scroll()

游标对象的创建是基于连接对象的，创建游标对象后即可通过语句对数据库进行增、删、改、查等操作。

在连接的 MySQL 数据库中创建一个表名为 class 的表，该表包含 id、name、text 这 3 列，使用 id 列做为主键，之后将 Beautiful Soup 库获取的标题文本存入该表中，如代码 3-31 所示。

代码 3-31　操作数据库

```
>>> import pymysql
>>> # 使用参数名创建连接
>>>  conn = pymysql.connect(host='127.0.0.1', port=3306, user='root',
passwd='root', db='test', charset='utf8',
    connect_timeout=1000)
>>> # 创建游标
>>> cursor=conn.cursor()
>>> # 创建表
>>> sql='''create table if not exists class (id int(10) primary key
auto_increment,
name varchar(20) not null,text varchar(20) not null)'''
>>> cursor.execute(sql)  # 执行创建表的 SQL 语句
0
>>> cursor.execute('show tables')  # 查看创建的表
2
>>> # 数据准备
>>> import requests
```

```
>>> import chardet
>>> from bs4 import BeautifulSoup
>>> url = 'http://www.tipdm.com/tipdm/index.html'
>>> ua = {'User-Agent' : 'Mozilla/5.0 (Windows NT 6.1; Win64; x64) Chrome/65.0.3325.181'}
>>> rqg = requests.get(url,headers = ua)
>>> rqg.encoding = chardet.detect(rqg.content)['encoding']
>>> html = rqg.content.decode('utf-8')
>>> soup = BeautifulSoup(html, 'lxml')
>>> target = soup.title.string
>>> print('标题的内容: ', target)
标题的内容: 泰迪科技-专注于大数据技术研发及知识传播
>>> # 插入数据
>>> title = 'tipdm'
>>> sql = 'insert into class (name,text)values(%s,%s)'
>>> cursor.execute(sql,(title,target))    # 执行插入语句
1
>>> conn.commit()   # 提交事务
>>> # 查询数据
>>> data=cursor.execute('select * from class')
>>> # 使用fetchall方法获取操作结果
>>> data=cursor.fetchmany()
>>> print('查询获取的结果: ', data)
查询获取的结果: ((1, 'tipdm', '泰迪科技-专注于大数据技术研发及知识传播'),)
>>> conn.close()
```

小结

本章介绍了爬取静态网页的 3 个主要步骤：实现 HTTP 请求、解析网页和数据存储，并对实现各个步骤的相关 Python 库进行了介绍。本章的主要内容如下。

（1）分别通过 urllib 3 库和 Requests 库建立 HTTP 请求，从而与网站建立链接并获取网页内容。相比 urllib 3 库，Requests 库使用起来更为简洁直观。

（2）使用 Chrome 开发者工具可方便地直接查看页面元素、页面源码及资源加载过程。

（3）通过正则表达式可按照模式对网页内容进行匹配，查找符合条件的网页内容，缺点为不易上手且容易产生歧义。

（4）通过 lxml 库中的 etree 模块实现使用 Xpath 解析网页。通过表达式及谓语可查找特定节点，也可提供功能函数进行模糊查询和内容获取。

（5）Beautiful Soup 库可从 HTML 或 XML 文件中提取数据，并可提供函数处理导航、搜索、修改分析树的功能。

（6）JSON 模块可提供 Python 对象与 JSON 对象的互相转换功能，并可提供存储数据

为 JSON 文件的功能。

（7）PyMySQL 库可提供操作 MySQL 的功能，且支持 Python 3.X 版本，内含数据库连接方法及多种操作函数。

实训

实训 1　生成 GET 请求并获取指定网页内容

1．训练要点

（1）掌握使用 Requests 库生成 GET 请求。
（2）掌握使用 Requests 库上传请求头中的 User-Agent 信息。
（3）掌握使用 Requests 库查看返回的响应头。
（4）掌握使用 Requests 库查看返回的状态码。
（5）掌握使用 Requests 库和 chardet 库识别返回的页面内容编码，并正确显示页面内容。

2．需求说明

通过 Requests 库向网站"http://www.tipdm.com/tipdm/gsjj/"发送 GET 请求，并上传伪装过的 User-Agent 信息，如"Mozilla/5.0 (Windows NT 6.1; Win64; x64) Chrome/65.0.3325.181"。查看服务器返回的状态码和响应头，确认连接是否建立成功，并查看服务器返回的能正确显示的页面内容。

3．实现思路及步骤

（1）导入 Requests 库，设定要连接的 URL 及传输的 User-Agent 信息。
（2）通过 Requests 库生成 GET 请求。
（3）查看返回的状态码及响应头。
（4）查看服务器返回的页面内容。

实训 2　搜索目标节点并提取文本内容

1．训练要点

（1）掌握使用 Beautiful Soup 库搜索文档树中的节点。
（2）掌握使用 Beautiful Soup 库提取搜索到的节点中的文本内容。

2．需求说明

通过 Beautiful Soup 库解析实训 1 获取的网页内容,找到其中 CSS 类名为"contentCom"的节点，并提取该节点中第一个含有文本的子节点的文本内容。

3．实现思路及步骤

（1）将实训 1 中获取的网页内容转化为 BeautifulSoup 对象。
（2）使用 find 方法中的 attrs 参数，查找 CSS 类名为"contentCom"的节点。
（3）使用 find 方法，获取 contentCom 节点下第一个含有文本的子节点。
（4）使用 string 方法获取步骤（3）中的节点中的文本内容。

实训 3　在数据库中建立新表并导入数据

1．训练要点

（1）掌握通过 PyMySQL 库在 MySQL 中建立一个新表。
（2）掌握通过 PyMySQL 库将数据存入 MySQL 中的表内。
（3）掌握通过 PyMySQL 库查询 MySQL 中的表。

2．需求说明

通过 PyMySQL 库存储实训 2 提取的网页内容，在 MySQL 的 test 库中建立一个新表，并将提取的文本内容存入该表内，之后查询该表内容，确认是否存储成功。

3．实现思路及步骤

（1）建立与 MySQL 的 test 库的连接。
（2）在 MySQL 的 test 库中建立一个新表，表名为"train"，构建索引列"id"、长度为 20 的"varchar"类型的"title"列和类型为"text"的"bs_text"列。
（3）将"title"列为"tipdm"和"bs_text"列为实训 2 中提取的文本内容的一条记录插入步骤（2）中建立的表内。
（4）查询插入记录后的表中的内容。

课后习题

1．选择题

（1）下列不属于 HTTP 请求过程的是（　　）。
　　A．生成请求　　B．超时设置　　C．请求重定向　　D．搜索文档
（2）下列关于 Chrome 开发者工具描述错误的是（　　）。
　　A．元素面板可查看元素在页面的对应位置
　　B．源代码面板可查看 HTML 源码
　　C．网络面板无法查看 HTML 源码
　　D．网络面板可查看 HTTP 头部信息
（3）下列关于 Xpath 中功能函数描述错误的是（　　）。
　　A．contains 方法可用于选取以指定值开头的节点
　　B．and 方法可用于选取同时包含两种指定值的节点
　　C．text 函数可用于选取包含指定文本内容的节点
　　D．text 函数可提取节点文本内容
（4）下列关于 BeautifulSoup 中对象类型描述错误的是（　　）。
　　A．name 方法可以获取及修改 Tag 对象名称
　　B．attrs 方法可获取 Tag 对象的 HTML 属性，返回值为列表形式
　　C．string 方法可获取 Tag 对象中的文本字符串内容
　　D．NavigableString 对象无法被编辑，但可以进行替换

（5）下列关于 JSON 模块描述错误的是（　　　）。
    A．JSON 模块可实现在 Python 中对 JSON 编码及解码的两种操作
    B．将数据存储为 JSON 文件是一个编码过程
    C．dump 方法可将 JSON 对象写入文件内
    D．dump 方法可生成一个字符串

2．操作题

获取网页（网址为"http://www.tipdm.com/tipdm/gsjj/"）里表示"热门话题"的内容中，"section"节点的全部子节点中的链接和文本内容，在本地数据库中新建一个 html_text 表，要求该表至少有两列，分别用于存储链接和文本内容，将每个子节点中的链接和文本内容逐条插入新建立的 html_text 表内，并查看是否存储成功。

第 4 章 常规动态网页爬取

动态网页爬取是相对于静态网页爬取而言的。在某些网站，使用静态下载器与解析器对页面目标信息进行解析时，如果没有发现任何数据，多数原因是该网站的部分元素是由 JavaScript 动态生成的。此时，使用第 3 章介绍的爬取方式进行爬取会比较困难，但是面对困难，要敢于斗争、善于斗争，寻求新的爬取解析方式，即动态页面爬取方法。

本章将介绍如何对动态网页信息进行爬取。目前流行的方法一般分为两种：逆向分析爬取动态网页，手动分析网络面板的 AJAX 请求来进行 HTML 的信息采集；在 Chrome 浏览器中使用 Selenium 库模拟动态网页动作，直接从浏览器中采集已经加载好的 HTML 信息。

学习目标

（1）了解静态网页和动态网页的区别。
（2）逆向分析爬取动态网页。
（3）使用 Selenium 库爬取动态网页。
（4）使用 MongoDB 数据库存储数据。

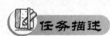 逆向分析爬取动态网页

任务描述

进行动态页面的爬取实质是对页面进行逆向分析，其核心是跟踪页面的交互行为使 JavaScript 触发调度，从而分析出有价值、有意义的核心调用（一般都是通过 JavaScript 发起一个 HTTP 请求），然后使用 Python 直接访问逆向到的链接获取价值数据。以动态网页"http://www.ptpress.com.cn"为例，通过逆向分析来爬取相应的内容。

任务分析

（1）了解静态网页和动态网页的区别。
（2）获取"http://www.ptpress.com.cn"首页的信息。
（3）对"http://www.ptpress.com.cn"首页进行逆向分析爬取。

4.1.1 了解静态网页和动态网页的区别

在第 3 章爬取的网页中，很多是 HTML 静态生成的内容，直接从 HTML 源代码中就

第 4 章 常规动态网页爬取

能找到,然而并非所有的网页都是如此。很多网站通常会用到 AJAX 技术和动态 HTML 技术,因而使用基于静态页面的爬取方法是行不通的。

一般含有类似"查看更多"字样或打开网站时下拉才会加载出内容的网页基本都是动态的。区分网页是静态网页还是动态网页的比较简便的方法是,在浏览器中查看页面相应的内容,当在查看页面源代码时找不到该内容时,就可以确定该页面使用了动态技术。

有一些网站的内容是由前端的 JavaScript 动态生成的,所以能够在浏览器上看得见网页的内容,但是在 HTML 源代码中却发现不了。

通过对"http://www.tipdm.com"和"http://www.ptpress.com.cn"的分析,可了解静态网页和动态网页的区别。

1. 判断静态网页

在浏览器中打开网页"http://www.tipdm.com",按"F12"键调出 Chrome 开发者工具,或者单击"更多工具"选项中的"开发者工具"选项。Chrome 开发者工具中的元素(Elements)面板上显示的是浏览器执行 JavaScript 之后生成的 HTML 源代码。找到解决方案的第一条数据对应的 HTML 源代码,如图 4-1 所示。

图 4-1 网页"http://www.tipdm.com"呈现的网页

还有另一种查看源代码的方法,即右键单击页面,选择"查看网页源代码",如图 4-2 所示。

图 4-2 右键单击网页"http://www.tipdm.com"后呈现的网页

得到服务器直接返回的 HTML 源代码，找到解决方案的第一条数据的信息，如图 4-3 所示。

```
168         <ul class="txtList">
169             <li><span class="dateTime">2017-05-05</span> <a href="/tipdm/gxjjfa/20170505/1131.html"
    title="数据科学+智能科学实验室解决方案" target="_blank">数据科学+智能科学实验室解决方案</a> </li>
170             <li><span class="dateTime">2017-02-05</span> <a href="/tipdm/gxjjfa/20170205/1056.html"
    title="一体化教学实训平台解决方案" target="_blank">一体化教学实训平台解决方案</a> </li>
171             <li><span class="dateTime">2016-12-21</span> <a href="/tipdm/gxjjfa/20161221/1007.html"
    title="大数据挖掘工作室建设方案" target="_blank">大数据挖掘工作室建设方案</a> </li>
172             <li><span class="dateTime">2016-12-23</span> <a href="/tipdm/gxjjfa/20161223/1014.html"
    title="大数据挖掘校内实训方案" target="_blank">大数据挖掘校内实训方案</a> </li>
173             <li><span class="dateTime">2016-12-23</span> <a href="/tipdm/gxjjfa/20161223/1013.html"
    title="高校大数据相关学科人才培养方案" target="_blank">高校大数据相关学科人才培养方案</a> </li>
174         </ul>
175         </div>
176     </div>
```

图 4-3　网页 "http://www.tipdm.com" 的 HTML 源代码

对比通过"F12"键调出的 Chrome 开发者工具查看的源代码，两者的 HTML 内容完全一致。因此可以判断"http://www.tipdm.com"是静态网页。

2．判断动态网页

在浏览器中打开网页"http://www.ptpress.com.cn"，按"F12"键调出 Chrome 开发者工具，找到"互联网+智慧城市　核心技术及行业应用"的 HTML 信息，如图 4-4 所示。

图 4-4　网页 "http://www.ptpress.com.cn" 的首页

在浏览器呈现的网页中，右键单击页面，单击"查看网页源代码"选项，在弹出的 HTML 源代码中查找"互联网+智慧城市　核心技术及行业应用"关键字，如图 4-5 所示。

网页的新闻标题"互联网+智慧城市　核心技术及行业应用"在 HTML 源代码中找不到，因此可以确定"http://www.ptpress.com.cn"是由 JavaScript 动态生成加载的动态网页。

第 4 章 常规动态网页爬取

```
11  <link rel="shortcut icon" href="/static/eleBusiness/img/favicon.
12  <link rel="stylesheet" href="/static/plugins/bootstrap/css/bootstrap.min.css">
13  <link rel="stylesheet" href="/static/portal/css/iconfont.css">
14  <link rel="stylesheet" href="/static/portal/tools/iconfont.css">
15  <link rel="stylesheet" href="/static/portal/css/font.css">
16  <link rel="stylesheet" href="/static/portal/css/common.css">
17  <link rel="stylesheet" href="/static/portal/css/header.css">
18  <link rel="stylesheet" href="/static/portal/css/footer.css?v=1.0">
19  <link rel="stylesheet" href="/static/portal/css/compatible.css">
20
21  <script type="text/javascript" src="/static/portal/js/jquery-1.11.3.min.js"></script>
22
23  <script type='text/javascript'>
24      var _vds = _vds || [];
25      window._vds = _vds;
26      (function(){
27          _vds.push(['setAccountId', '9311c428042bb76e']);
28          (function() {
29              var vds = document.createElement('script');
30              vds.type='text/javascript';
31              vds.async = true;
```

图 4-5　网页"http://www.ptpress.com.cn"的 HTML 源代码

4.1.2　逆向分析爬取动态网页

在确认网页是动态网页后，需要获取在网页响应中由 JavaScript 动态加载生成的信息。在 Chrome 浏览器中爬取网页"http://www.ptpress.com.cn"的信息的步骤如下。

（1）按"F12"键打开网页"http://www.ptpress.com.cn"的 Chrome 开发者工具，如图 4-6 所示。

图 4-6　打开 Chrome 开发者工具

（2）打开网络（Network）面板后，会发现有很多响应。在网络面板中，XHR 是 AJAX 中的概念，表示 XML-HTTP-request，一般 JavaScript 加载的文件隐藏在 JS 或者 XHR 中。通过查找可发现，网页"http://www.ptpress.com.cn"的 JavaScript 加载的文件在 XHR 面板上。

（3）"新书"模块的信息在 XHR 的"Preview"标签中有需要的信息。在网络面板的 XHR 中查看"/bookinfo"资源的 Preview 信息，可以看到网页新书的 HTML 信息，如图 4-7 所示。

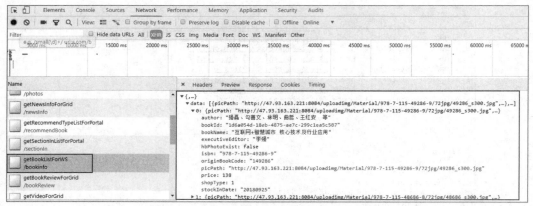

图 4-7　网页"http://www.ptpress.com.cn"的新书的 Preview 信息

若需要爬取"http://www.ptpress.com.cn"首页"新书"模块的书名、作者和价格信息，则步骤如下。

（1）单击"/bookinfo"资源的"Headers"标签，找到"Request URL"的网址信息，如图 4-8 所示。

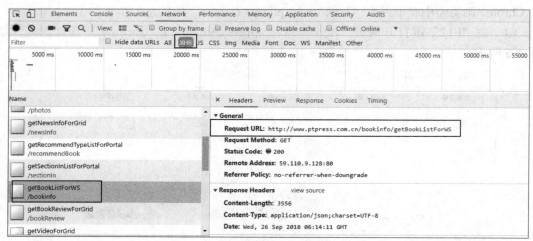

图 4-8　首页新闻的 URL 网址信息

（2）打开"Request URL"的网址信息，找到需要爬取的信息，如图 4-9 所示。

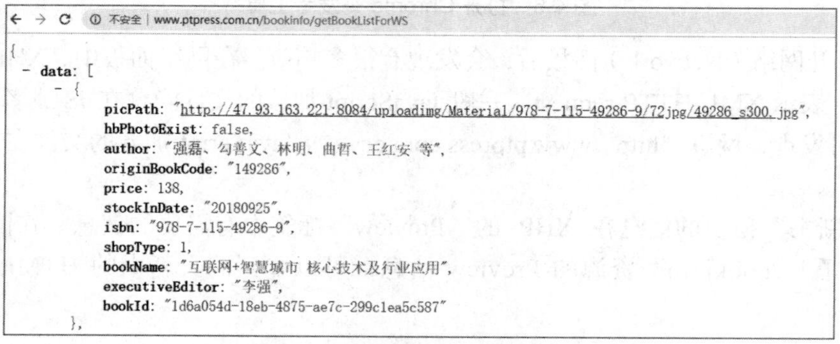

图 4-9　首页新闻的 URL 内容

（3）爬取"http://www.ptpress.com.cn"首页"新书"模块的新书名、作者和价格信息，如代码 4-1 所示。

代码 4-1　爬取"http://www.ptpress.com.cn"首页新书的信息

```
>>> import requests
>>> import json
>>> url = 'http://www.ptpress.com.cn/bookinfo/getBookListForWS'
>>> return_data = requests.get(url).text    # 在需要爬取的 URL 网页进行 HTTP 请求
>>> data = json.loads(return_data)     # 对 HTTP 响应的数据 JSON 化
>>> news = data['data']    # 索引到需要爬取的内容信息
>>> for n in news:    # 对索引出来的 JSON 数据进行遍历和提取
...     bookName = n['bookName']
...     author = n['author']
...     price = n['price']
...     print("新书名: ",bookName,'\n',"作者: ",author,'\n',"价格: ",price)
...     print('\n')
```

新书名：　互联网+智慧城市　核心技术及行业应用
作者：　强磊、勾善文、林明、曲哲、王红安　等
价格：　138

新书名：　35 款必织棒针手编女装
作者：　阿瑛
价格：　35

新书名：　网页美工设计 Photoshop Flash Dreamweaver 从入门到精通　第 2 版
作者：　李洪雷　侯水生
价格：　79

新书名：　HTML5 CSS3 jQuery Mobile App 与移动网站设计从入门到精通
作者：　新视角文化行
价格：　69

新书名：　用吉他写歌　歌曲旋律 X 和声 X 曲式创作宝典
作者：　陈飞
价格：　65

新书名：　收益管理 有效降低空置率 实现收益翻番
作者：　陈亮，郭庆，魏云豪
价格：　69.8

新书名：　变频空调维修自学手册

Python 网络爬虫技术

作者： 孙立群 陈建华
价格： 59

新书名： 原画梦 24 天插画师带你画世界
作者： 原画梦
价格： 49

新书名： 电工图解入门
作者： 韩雪涛
价格： 79

注：由于首页新书是动态的，信息会不停地更新，所以不同时间的爬取结果会不同。

任务 4.2　使用 Selenium 库爬取动态网页

任务描述

爬取动态网页还可以使用 Selenium 库。Selenium 是一种自动化测试工具，能模拟浏览器的行为，它支持各种浏览器，包括 Chrome、Firefox 等主流界面式浏览器，在浏览器里面安装一个 Selenium 的插件，即可方便地实现 Web 界面的测试。结合爬取"http://www.ptpress.com.cn/search/books"的"Python 编程"图书的案例及其他案例，掌握对 Selenium 库的使用。

任务分析

（1）了解 Selenium 库的使用方法。

（2）分析"http://www.ptpress.com.cn/search/books"首页的网页结构。

（3）分析在网页"http://www.ptpress.com.cn/search/books"中搜索"Python 编程"图书的操作。

（4）使用 Selenium 库模拟浏览器的操作。

4.2.1　安装 Selenium 库及下载浏览器补丁

本章使用的是 Selenium 3.9.0。Selenium 3 调用浏览器时，必须下载并安装一个类似补丁的文件，例如，Firefox 的补丁文件为 geckodriver，Chrome 的补丁文件为 chromedrive。以 Chrome 浏览器的 chromedrive 补丁文件为例，在安装好 Selenium 3.9.0 之后，下载并安装 chromedrive 补丁文件的步骤如下。

（1）在 Selenium 官网下载对应版本的补丁文件。下载图 4-10 所示的"Google Chrome Driver 2.36"文件，根据操作系统选择 chromedrive 补丁文件。

（2）将下载好的 chromedrive.exe 文件存放至 Python 安装的根目录（与 python.exe 文件同一目录）即可。

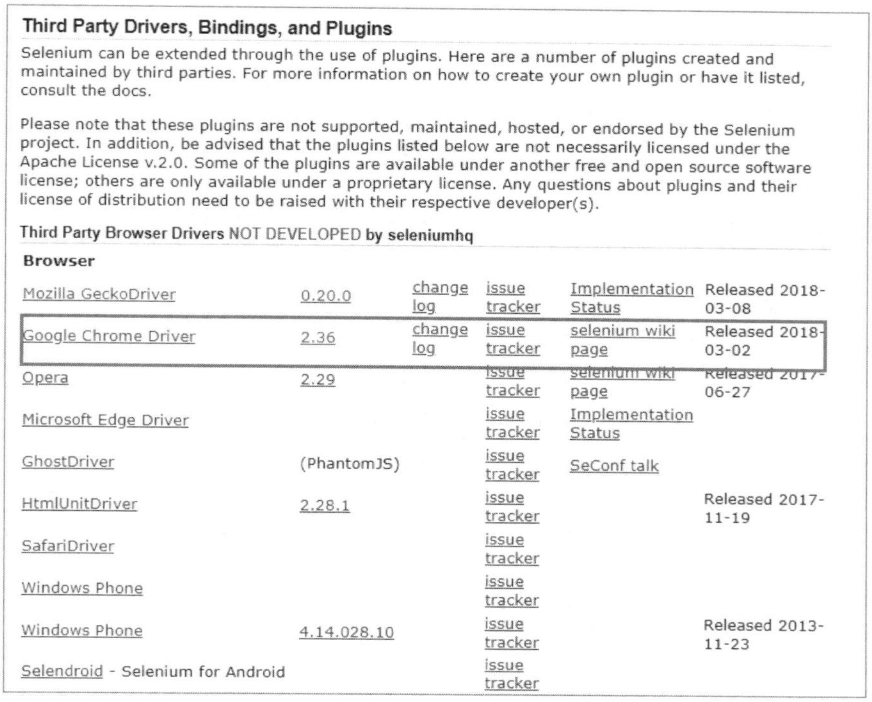

Third Party Drivers, Bindings, and Plugins

Selenium can be extended through the use of plugins. Here are a number of plugins created and maintained by third parties. For more information on how to create your own plugin or have it listed, consult the docs.

Please note that these plugins are not supported, maintained, hosted, or endorsed by the Selenium project. In addition, be advised that the plugins listed below are not necessarily licensed under the Apache License v.2.0. Some of the plugins are available under another free and open source software license; others are only available under a proprietary license. Any questions about plugins and their license of distribution need to be raised with their respective developer(s).

Third Party Browser Drivers NOT DEVELOPED by seleniumhq

Browser					
Mozilla GeckoDriver	0.20.0	change log	issue tracker	Implementation Status	Released 2018-03-08
Google Chrome Driver	2.36	change log	issue tracker	selenium wiki page	Released 2018-03-02
Opera	2.29		issue tracker	selenium wiki page	Released 2017-06-27
Microsoft Edge Driver			issue tracker	Implementation Status	
GhostDriver	(PhantomJS)		issue tracker	SeConf talk	
HtmlUnitDriver	2.28.1		issue tracker		Released 2017-11-19
SafariDriver			issue tracker		
Windows Phone			issue tracker		
Windows Phone	4.14.028.10		issue tracker		Released 2013-11-23
Selendroid - Selenium for Android			issue tracker		

图 4-10　在 Selenium 官网下载对应版本的补丁

4.2.2　打开浏览对象并访问页面

Selenium 打开 Chrome 浏览器，并访问网页“http://www.ptpress.com.cn/search/books”，如代码 4-2 所示。

代码 4-2　访问网页“http://www.ptpress.com.cn/search/books”

```
>>> from selenium import webdriver
>>> driver = webdriver.Chrome()
DevTools listening on ws://127.0.0.1:12579/devtools/browser/a8e6e498-8999-
48fd-a329-dec5190add99
>>> driver.get('http://www.ptpress.com.cn/search/books')
>>> data = driver.page_source
>>> print(data)
<!DOCTYPE html><html xmlns="http://www.w3.org/1999/xhtml" lang="zh-CN"><head>
    <meta charset="utf-8" />
    <meta name="” renderer” " content="” webkit” " />
    <meta http-equiv="X-UA-Compatible" content="IE=edge" />
    <meta name="viewport" content="width=device-width, initial-scale=1" />
    <title>人民邮电出版社</title>



<link rel="stylesheet" href="/static/dist/css/iview.css" />
```

```
<script       type="text/javascript"       async=""      src="http://assets.growingio.com/
vds.js"></script><script type="text/javascript" src="/static/dist/js/vue.js">
</script>
<script type="text/javascript" src="/static/dist/js/iview.min.js"></script>

<link rel="shortcut icon" href="/static/eleBusiness/img/favicon.ico" charset=
"UTF-8" />
<link rel="stylesheet" href="/static/plugins/bootstrap/css/bootstrap.min.css"
/>
<link rel="stylesheet" href="/static/portal/css/iconfont.css" />
<link rel="stylesheet" href="/static/portal/tools/iconfont.css" />
<link rel="stylesheet" href="/static/portal/css/font.css" />
<link rel="stylesheet" href="/static/portal/css/common.css" />
<link rel="stylesheet" href="/static/portal/css/header.css" />
<link rel="stylesheet" href="/static/portal/css/footer.css?v=1.0" />
<link rel="stylesheet" href="/static/portal/css/compatible.css" />
</script>
……

</body></html>
>>>>>> driver.quit()
```

注：由于输出结果太长，此处部分结果已省略。

4.2.3 页面等待

目前，大多数的 Web 应用都使用 AJAX 技术。当浏览器加载一个页面时，页面中的元素可能会以不同的时间间隔加载，这使得定位元素比较困难，使用页面等待可以解决这个问题。页面等待在执行的操作之间提供了一些松弛，主要用于定位一个元素或任何其他带有该元素的操作。

Selenium WebDriver 提供了两种类型的等待——隐式和显式。显式等待使网络驱动程序在继续执行之前等待某个条件的发生。隐式等待使 WebDriver 在尝试定位一个元素时，在一定的时间内轮询 DOM。在爬取"http://www.ptpress.com.cn/search/books"网页搜索"Python 编程"关键词的过程中，用到了显式等待，本节主要介绍显式等待。

WebDriverWait 函数默认每 500 毫秒调用一次 ExpectedCondition，直到成功返回。ExpectedCondition 的成功返回类型是布尔值，对于所有其他 ExpectedCondition 类型，则返回 True 或非 Null 返回值。如果 WebDriverWait 在 10 秒内没有发现元素返回，就会抛出 TimeoutException 异常。

WebDriverWait 函数的基本语法格式如下。

```
WebDriverWait(driver,time)
```

WebDriverWait 函数常用的参数及其说明如表 4-1 所示。

表 4-1　WebDriverWait 函数常用的参数及其说明

参 数 名 称	说　　　明
driver	接收 str。表示打开的网页。无默认值
time	接收数值型。表示等待时间的参数，单位为秒。无默认值

显式等待是指指定某个条件，然后设置最长等待时间，如果在这个时间还没有找到元素，那么便会抛出异常。在网页"http://www.ptpress.com.cn/search/books"等待 10 秒，如代码 4-3 所示。

代码 4-3　显式等待

```
>>> from selenium.webdriver.support.ui import WebDriverWait
>>> from selenium.webdriver.support import expected_conditions as EC
>>> driver = webdriver.Chrome()

DevTools listening on ws://127.0.0.1:12499/devtools/browser/f67018d0-48ab-
4320-b0f6-292223999b02
>>> driver.get('http://www.ptpress.com.cn/search/books')
>>> wait = WebDriverWait(driver, 10)
>>> # 确认元素是否可单击
...  confirm_btn = wait.until(EC.element_to_be_clickable((By.CSS_SELECTOR,
'#app > div:nth-child(1) > div > div > div > button > i')))
>>> print(confirm_btn)
<selenium.webdriver.remote.webelement.WebElement
(session="9e57d51ed7da4321ec7270ab1039b9e7", element="0.4373782490248068-1")
>>>> driver.close()
```

4.2.4　页面操作

1．填充表单

网页的选项卡标签使用切换操作，如选择选项标签，先打开"http://www.ptpress.com.cn/search/books"，然后在第一个选项卡放网页"http://www.tipdm.org"，在第二个选项卡放网页"http://www.tipdm.com"，如代码 4-4 所示。

代码 4-4　选择选项标签

```
>>> import time
>>> driver= webdriver.Chrome()
DevTools listening on ws://127.0.0.1:12061/devtools/browser/1ed6dc01-c5c0-
4ff5-940b-d1b072cd2b67
>>> driver.get('http://www.ptpress.com.cn/search/books')
>>> driver.execute_script('window.open()')
>>> print(driver.window_handles)
```

```
['CDwindow-A30C4FBC76073682B7C9207A8FD219F5',
'CDwindow-3ECEBF1A1E5FF7DF8F72E6F9ED3F38A8']
>>> driver.switch_to_window(driver.window_handles[1])
>>> driver.get('http://www.tipdm.com')
>>> time.sleep(1)
>>> driver.switch_to_window(driver.window_handles[0])
>>> driver.get('http://www.tipdm.org')
```

HTML 表单包含了表单元素，而表单元素指的是不同类型的 input 元素、复选框、单选按钮、提交按钮等。填写完表单后，需要提交表单。定位"搜索"按钮并复制该元素的 selector，如图 4-11 所示。

图 4-11　定位"搜索"按钮并复制该元素的 selector

在浏览器中自动单击"提交"按钮，如代码 4-5 所示。

代码 4-5　自动单击"提交"按钮

```
>>> from selenium.webdriver.common.by import By
>>> wait = WebDriverWait(driver,10)
>>> # 等待"确认"按钮加载完成
>>> confirm_btn = wait.until(EC.element_to_be_clickable((By.CSS_SELECTOR,
'#app > div:nth-child(1) > div > div > div > button > i')))
>>> # 单击"搜索"按钮
>>> confirm_btn.click()
```

2. 执行 JavaScript

Selenium 库中的 execute_script 方法能够直接调用 JavaScript 方法来实现翻页到底部、弹框等操作。例如，在网页"http://www.ptpress.com.cn/search/books"中通过 JavaScript 翻页到底部，并弹框提示爬虫，如代码 4-6 所示。

代码 4-6　翻页到底部并弹框提示爬虫

```
>>> driver.get("http://www.ptpress.com.cn/search/books")
>>> # 翻页到底部
>>>driver.execute_script('window.scrollTo(0, document.body.scrollHeight)')
>>> driver.execute_script('alert("Python 爬虫")')
```

4.2.5 元素选取

在页面中定位元素有多种策略。Selenium 库提供了表 4-2 所示的方法来定位页面中的元素，即使用 find_element 进行元素选取。在定位一个元素中使用到了通过元素 ID 进行定位、通过 XPath 表达式进行定位、通过 CSS 选择器进行定位等操作。在定位多个元素中使用到了通过 CSS 选择器进行定位等操作。

表 4-2 定位元素

定位一个元素	定位多个元素	含 义
find_element_by_id	find_elements_by_id	通过元素 ID 进行定位
find_element_by_name	find_elements_by_name	通过元素名称进行定位
find_element_by_xpath	find_elements_by_xpath	通过 XPath 表达式进行定位
find_element_by_link_text	find_elements_by_link_text	通过完整超链接文本进行定位
find_element_by_partial_link_text	find_elements_by_partial_link_text	通过部分超链接文本进行定位
find_element_by_tag_name	find_elements_by_tag_name	通过标记名称进行定位
find_element_by_class_name	find_elements_by_class_name	通过类名进行定位
find_element_by_css_selector	find_elements_by_css_selector	通过 CSS 选择器进行定位

Selenium 库中 find_element 各操作的使用方法都差不多。find_element_by_id 方法的基本语法格式如下。

```
driver.find_element_by_id(By.method, 'selector_url')
```

find_element_by_id 方法常用的参数及其说明如表 4-3 所示。

表 4-3 find_element_by_id 方法常用的参数及其说明

参 数 名 称	说　　明
method	接收 str。表示请求的类型。无默认值
selector_url	接收 str。表示查找元素的位置。无默认值

1. 定位一个元素

查找网页"http://www.ptpress.com.cn/search/books"响应的搜索框架的元素，如图 4-12 所示。

分别通过元素 ID、CSS 选择器、XPath 表达式来获取搜索框架的元素，如代码 4-7 所示，得到的结果都是相同的。

代码 4-7 定位一个元素

```
>>> driver.get("http://www.ptpress.com.cn/search/books")
>>> input_first = driver.find_element_by_id("searchVal")
>>> input_second = driver.find_element_by_css_selector("#searchVal")
>>> input_third = driver.find_element_by_xpath('//*[@id="searchVal"]')
>>> print(input_first)
```

```
<selenium.webdriver.remote.webelement.WebElement
(session="8ff235c8ae3e502a90663e016a8599e4",
element="0.04211334782576737-1")>
>>> print(input_second)
<selenium.webdriver.remote.webelement.WebElement
(session="8ff235c8ae3e502a90663e016a8599e4",
element="0.04211334782576737-1")>
>>> print(input_third)
<selenium.webdriver.remote.webelement.WebElement
(session="8ff235c8ae3e502a90663e016a8599e4",
element="0.04211334782576737-1")>
>>> driver.close()
```

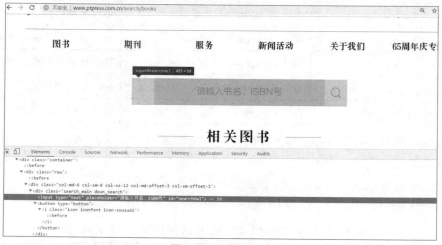

图 4-12　搜索框架

此外，还可以通过 By 类来获取网页"http://www.ptpress.com.cn/search/books"的搜索框架的元素，如代码 4-8 所示。

代码 4-8　通过 By 类来获取搜索框架的元素

```
>>> driver = webdriver.Chrome()
DevTools listening on ws://127.0.0.1:12381/devtools/browser/913e5dbc-b099-
4d9a-a08a-c6b2ae29fbf2
>>> driver.get("http://www.ptpress.com.cn/search/books")
>>> input_first = driver.find_element(By.ID,"searchVal")
>>> print(input_first)
<selenium.webdriver.remote.webelement.WebElement
(session="e4bf0c8ba9ac3f9d2d3321115d2c501d",
element="0.6697958637085801-1")>
>>> driver.close()
```

2. 定位多个元素

查找网页"http://www.ptpress.com.cn/search/books"第一行的多个信息,复制到 selector 的信息是"#nav",如图 4-13 所示。

图 4-13 网页"http://www.ptpress.com.cn/search/books"第一行的多个信息

定位多个元素的方法与定位一个元素的方法类似,同样可以使用 find_elements 定位元素。爬取网页"http://www.ptpress.com.cn/search/books"第一行的多个信息,如代码 4-9 所示。

代码 4-9 定位多个元素

```
>>> driver = webdriver.Chrome()
DevTools listening on ws://127.0.0.1:12494/devtools/browser/33f65f2f-69e9-
4ce5-bd68-69cdb04c81cf
>>> driver.get("http://www.ptpress.com.cn/search/books")
>>> lis = driver.find_elements_by_css_selector('#nav')
>>> print(lis)
[<selenium.webdriver.remote.webelement.WebElement
(session="a69e2e8b9b18b64bf5ed42371e8a4050",
element="0.34751841918296034-1")>]
>>> driver.close()
```

与定位一个元素的方法相同,定位多个元素也可以通过 By 类来实现,如代码 4-10 所示。

代码 4-10 通过 By 类实现定位多个元素

```
>>> driver = webdriver.Chrome()
DevTools listening on ws://127.0.0.1:12524/devtools/browser/6a74f254-64aa-
46ac-9d78-7bd039444047
>>> driver.get("http://www.ptpress.com.cn/search/books")
```

```
>>> lis = driver.find_elements(By.CSS_SELECTOR,'#nav')
>>> print(lis)
[<selenium.webdriver.remote.webelement.WebElement
(session="d516befae41ba60405bf7b5d70abf7f9",
element="0.8271451486114723-1")>]
>>> driver.close()
```

4.2.6 预期条件

在自动化 Web 浏览器时，不需要手动编写期望的条件类，也不必为实现自动化创建实用程序包，Selenium 库提供了一些常用的较为便利的判断方法，如表 4-4 所示。在爬取网页"http://www.ptpress.com.cn/search/books"搜索"Python 编程"关键词的过程中，用到了 element_to_be_clickable（元素是否可单击）等判断方法。

表 4-4 常用的判断方法

方法	作用
title_is	标题是某内容
title_contains	标题包含某内容
presence_of_element_located	元素加载出，传入定位元组，如(By.ID, 'p')
visibility_of_element_located	元素可见，传入定位元组
visibility_of	传入元素对象
presence_of_all_elements_located	所有元素加载出
text_to_be_present_in_element	某个元素文本包含某文字
text_to_be_present_in_element_value	某个元素值包含某文字
frame_to_be_available_and_switch_to_it frame	加载并切换
invisibility_of_element_located	元素不可见
element_to_be_clickable	元素可单击
staleness_of	判断一个元素是否仍在 DOM，可判断页面是否已经刷新
element_to_be_selected	元素可选择，传入元素对象
element_located_to_be_selected	元素可选择，传入定位元组
element_selection_state_to_be	传入元素对象及状态，相等返回 True，否则返回 False
element_located_selection_state_to_be	传入定位元组及状态，相等返回 True，否则返回 False
alert_is_present	是否出现 Alert

爬取网页"http://www.ptpress.com.cn/search/books"，搜索"Python 编程"关键词，创建 PythonMessage.py 脚本，脚本信息如代码 4-11 所示。

代码 4-11　PythonMessage.py 脚本信息

```python
from selenium import webdriver
from selenium.webdriver.common.by import By
from selenium.webdriver.support.ui import WebDriverWait
from selenium.webdriver.support import expected_conditions as EC
from bs4 import BeautifulSoup
import re
import time
# 创建 WebDriver 对象
driver = webdriver.Chrome()
# 等待变量
wait = WebDriverWait(driver,10)
# 模拟搜索 "Python 编程"
# 打开网页
driver.get('http://www.ptpress.com.cn/search/books')
# 等待 "搜索" 按钮加载完成
search_btn = driver.find_element_by_id("searchVal")
# 在搜索框填写 "Python 编程"
search_btn.send_keys('Python 编程')
# 确认元素是否已经出现
#input = wait.until(EC.presence_of_element_located((By.ID, 'searchVal'))
# 等待 "确认" 按钮加载完成
confirm_btn = wait.until(
        EC.element_to_be_clickable((By.CSS_SELECTOR, '#app > div:nth-child(1) > div > div > div > button > i'))
    )
# 单击 "确认" 按钮
confirm_btn.click()
# 等待 5 秒
time.sleep(5)
html = driver.page_source
# 使用 BeautifulSoup 找到书籍信息的模块
soup=BeautifulSoup(html,'lxml')
a= soup.select('.rows')
# 使用正则表达式解析书籍图片信息
ls1 = '<img src="(.*?)"/></div>'
pattern = re.compile(ls1, re.S)
res_img=re.findall(pattern,str(a))
# 使用正则表达式解析书籍文字信息
ls2='<img src=".*?"/></div>.*?<p>(.*?)</p></a>'
```

```
pattern1 = re.compile(ls2, re.S)
res_test = re.findall(pattern1, str(a))
print(res_test,res_img)
driver.close()
```

运行代码 4-11 所示的代码,运行结果如代码 4-12 所示。

代码 4-12　PythonMessage.py 脚本的运行结果

```
>>>python PythonMessage.py
DevTools listening on ws://127.0.0.1:12146/devtools/browser/4866eae1-ae4c-
473b-9f9b-61825e2a4150
['我的 Python 世界 玩《Minecraft 我的世界》学 Python 编程', 'Python 编程导论 第 2 版',
'Python 编程基础', '基于 ArcGIS 的 Python 编程秘笈(第 2 版)', 'Python 编程基础', '树莓
派 Python 编程入门与实战(第 2 版)', '(单独码放)Python 编程 从入门到实践', 'Python 编
程快速上手 让繁琐工作自动化', '爱上 Python 一日精通 Python 编程']
['http://47.93.163.221:8084/uploadimg/Material/978-7-115-48434-5/72jpg/48434
_s300.jpg',
'http://47.93.163.221:8084/uploadimg/Material/978-7-115-47376-9/72jpg/47376_
s300.jpg',
'http://47.93.163.221:8084/uploadimg/Material/978-7-115-47449-0/72jpg/47449_
s300.jpg',
'http://47.93.163.221:8084/uploadimg/Material/978-7-115-43804-1/72jpg/43804_
s300.jpg',
'http://47.93.163.221:8084/uploadimg/Material/978-7-115-43414-2/72jpg/43414_
s300.jpg',
'http://47.93.163.221:8084/uploadimg/Material/978-7-115-42670-3/72jpg/42670_
s300.jpg',
'http://47.93.163.221:8084/uploadimg/Material/978-7-115-42802-8/72jpg/42802_
s300.jpg',
'http://47.93.163.221:8084/uploadimg/Material/978-7-115-42269-9/72jpg/42269_
s300.jpg',
'http://47.93.163.221:8084/uploadimg/Material/978-7-115-42145-6/72jpg/42145_
s300.jpg']
```

任务 4.3　存储数据至 MongoDB 数据库

任务描述

在爬取到动态网页的数据后需要进行数据存储,第 3 章介绍了通过 MySQL 存储数据。了解 MongoDB 数据库和 MySQL 数据库的区别,将爬取到的数据存储到 MongoDB 数据库中。

任务分析

(1)了解 MongoDB 数据库与 MySQL 数据库的区别。

（2）在 Python 上建立与 MongoDB 数据库的连接。
（3）将数据插入 MongoDB 数据库的集合中。

4.3.1　了解 MongoDB 数据库和 MySQL 数据库的区别

　　MongoDB 数据库是一个年轻的非结构化数据库产品，其稳定性不及传统的 MySQL 数据库。MongoDB 属于典型的空间换时间原则类型的数据库产品。数据库扩展是非常有挑战性的，当存储的表格大小达到 5~10GB 时，如果需要分片并且分割数据库，那么 MySQL 的表格性能会降低，但 MongoDB 将很容易实现这一点。另外，MongoDB 是以 BSON 结构（JSON 二进制）进行存储的，对海量数据存储也有着很明显的优势。

　　传统的关系数据库一般由数据库（database）、表（table）、记录（record）三个层次概念组成，而 MongoDB 是由数据库（database）、集合（collection）、文档对象（document）三个层次组成的。MongoDB 中的概念和 MySQL 中的概念的对比如表 4-5 所示。

表 4-5　MongoDB 中的概念和 MySQL 中的概念的对比

MySQL 中的概念	MongoDB 中的概念	说　　明
database	database	数据库
table	collection	数据库表/集合
row	document	数据库行/文档
column	field	数据字段列/域
index	index	索引
primary key	primary key	主键

　　MongoDB 具有独特的操作语句，与 MySQL 使用传统的 SQL 语句不同。MongoDB 与 MySQL 的基本操作命令的对比如表 4-6 所示。

表 4-6　MongoDB 和 MySQL 的基本操作命令的对比

操作说明	MySQL	MongoDB
显示库列表	show databases;	show dbs
进入库	use dbname;	show collections
创建库	create database name;	无须单独创建，直接 show 进去，默认创建库
创建表	create table tname(id int);	无须单独创建，直接插入数据
删除表	drop table tname;	db.tname.drop()
删除库	drop database dbname;	首先进入该库，然后使用 db.dropDatabase()命令
插入记录	insert into tname(id) value(1);	db.tname.insert({id:1})
删除记录	delete from tname where id=1;	db.tname.remove({id:1})
查询所有记录	select * from tname;	db.tname.find()

续表

操作说明	MySQL	MongoDB
条件查询	select * from tname where id=2;	db.tname.find({id:2})
多条件查询	select * from tname where id=2 or name='python';	db.tname.find($or:[{id:2}, {name:'python'}])
查询一条数据	select * from tname limit 1;	db.tname.findone()
获取表记录数	select count(id) from tname;	db.tname.count()

注：dbname 表示数据库名称，tname 表示表或集合名称。

4.3.2 将数据存储到 MongoDB 数据库

1. 建立连接

pymongo 是 Python 用于操作 MongoDB 的模块，在导入 pymongo 模块之前，需要先使用 pip 命令安装 pymongo 模块，安装成功之后，可导入 pymongo 模块，然后建立连接。MongoDB 连接字符串的格式如下。

```
数据库产品名://主机IP:主机端口
```

2. 获取数据库

MongoDB 的一个实例可以支持多个独立的数据库。在使用 pymongo 模块时，可以使用 MongoClient 实例上的属性方式来访问数据库，如代码 4-13 所示。

代码 4-13　访问数据库

```
>>> client = pymongo.MongoClient('mongodb://localhost:27017/')
>>> # 选择pythondb 数据库
>>> db = client.pythondb
```

如果数据库名称使用属性方式访问时无法正常工作，则可以使用字典方式访问，如代码 4-14 所示。

代码 4-14　使用字典方式访问数据库

```
>>> client = pymongo.MongoClient()
>>> # 选择python-db 数据库
>>> db = client['python-db']
```

3. 获取一个集合

集合是存储在 MongoDB 中的一组文档，类似于关系数据库中的表。在 pymongo 模块中，获取集合的方式与获取数据库的方式一样，如代码 4-15 所示。

代码 4-15　获取集合

```
>>> MONGO_URL = 'localhost'
>>> client = pymongo.MongoClient(MONGO_URL)
>>> # 选择pythondb 数据库
>>> db = client['pythondb']
```

```
>>> # 使用test集合
>>> collection = db.test
```
或者使用字典方式获取集合，如代码4-16所示。

代码4-16 使用字典方式获取集合

```
>>> import pymongo
>>> MONGO_URL = 'localhost'
>>> client = pymongo.MongoClient(MONGO_URL)
>>> # 选择pythondb数据库
>>> db = client['pythondb']
>>> # 使用test集合
>>> collection = db['test']
```

4．插入文档

数据在MongoDB中是以JSON类文件的形式保存起来的，而且存储到MongoDB数据库中的数据类型必须是{key:value}型的。在pymongo模块中使用insert_one方法插入文档，将4.1.2小节爬取到的新书信息存储到MongoDB数据库中，具体代码（StoreInMongoDB.py脚本）如代码4-17所示。

代码4-17 将爬虫信息存储到MongoDB数据库中 1

```
import requests
import json
url = 'http://www.ptpress.com.cn/bookinfo/getBookListForWS'
# 在需要爬取的URL网页进行HTTP请求
return_data = requests.get(url).text
# 对HTTP响应的数据JSON化
data = json.loads(return_data)
# 索引到需要爬取的内容信息
news = data['data']
import pymongo
MONGO_URL = 'localhost'
client = pymongo.MongoClient(MONGO_URL)
# 选择pythondb数据库
db = client['pythondb']
# 使用test集合
collection = db.test
# 对索引出来的JSON数据进行遍历和提取
for n in news:
    bookName = n['bookName']
    author = n['author']
    price = n['price']
    a = {'bookName':n['bookName'],'autor': n['author'],'price':n['price']}
```

```
collection.insert_one(a)
print(a)
```

使用 StoreInMongoDB.py 脚本，将爬取到的新书信息存储到 MongoDB 数据库中，如代码 4-18 所示。

代码 4-18　将爬取的信息存储到 MongoDB 数据库中 2

```
>>>python StoreInMongoDB.py
{'bookName': '电工一本通', 'autor': '韩雪涛', 'price': 99, '_id': ObjectId('5bad982a78df861d64b7932c')}
{'bookName': 'CorelDRAW X7 标准培训教程', 'autor': '数字艺术教育研究室', 'price': 59.8, '_id': ObjectId('5bad982a78df861d64b7932d')}
{'bookName': 'LTE-V2X 测试与仿真从入门到精通', 'autor': '许瑞琛 王俊峰 张莎 刘晓勇 彭潇 孙晓芳', 'price': 79, '_id': ObjectId('5bad982a78df861d64b7932e')}
{'bookName': '芯片接口库 I/O Library 和 ESD 电路的研发设计应用', 'autor': '王国立', 'price': 69, '_id': ObjectId('5bad982a78df861d64b7932f')}
{'bookName': '传统装饰图案与现代装饰设计', 'autor': '杨冬梅', 'price': 59.8, '_id': ObjectId('5bad982a78df861d64b79330')}
{'bookName': '简单易学的裱花蛋糕 78 款', 'autor': '阿瑛', 'price': 59.8, '_id': ObjectId('5bad982a78df861d64b79331')}
{'bookName': '修图师的自我修养 商业人像摄影后期高级处理技法', 'autor': '汪祎,之南', 'price': 168, '_id': ObjectId('5bad982a78df861d64b79332')}
{'bookName': '互联网+智慧城市 核心技术及行业应用', 'autor': '强磊、勾善文、林明、曲哲、王红安 等', 'price': 138, '_id': ObjectId('5bad982a78df861d64b79333')}
{'bookName': '35 款必织棒针手编女装', 'autor': '阿瑛', 'price': 35, '_id': ObjectId('5bad982a78df861d64b79334')}
```

在 StoreInMongoDB.py 脚本运行成功后，为了确保数据已经存入目标数据库，可以进入 MongoDB 查询刚刚存入的数据，如图 4-14 所示。

图 4-14　MongoDB 数据显示

第 4 章 常规动态网页爬取

小结

本章介绍了两种爬取动态网页的方法,分别是逆向分析爬取和通过 Selenium 爬取,同时也介绍了如何将爬取到的数据存储到 MongoDB 中,具体内容如下。

(1)通过源代码比对,实现了静态网页与动态网页的区分。

(2)使用逆向分析技术爬取网页"http://www.ptpress.com.cn"的首页新书信息。

(3)使用 Selenium 爬取网页"http://www.ptpress.com.cn/search/books"中以"Python 编程"为关键词的信息。

(4)将爬取到的数据存储至 MongoDB 数据库中。

实训

实训 1　爬取网页"http://www.ptpress.com.cn"的推荐图书信息

1．训练要点

(1)了解静态网页和动态网页的区别。

(2)掌握爬取动态网页信息的方法。

2．需求说明

网页"http://www.ptpress.com.cn"是常规的动态网页,其网页含有很多信息,通过爬取图 4-15 所示的网页"http://www.ptpress.com.cn"的推荐图书信息,能更好地了解动态网页的结构。对需要爬取的 URL 网页进行 HTTP 请求、数据 JSON 化,然后对数据进行遍历和提取,从而爬取动态网页的信息。

图 4-15　网页"http://www.ptpress.com.cn"的推荐图书信息

3．实现思路及步骤

(1)单击网页"http://www.ptpress.com.cn"的网络面板,找到想要爬取的信息。

（2）找到网页"http://www.ptpress.com.cn"的"推荐图书"模块的 URL 网址信息。
（3）在需要爬取的 URL 网页上进行 HTTP 请求。
（4）对 HTTP 响应的数据进行 JSON 化，对 JSON 数据进行遍历和提取。

实训 2　爬取某网页的 Java 图书信息

1. 训练要点

（1）掌握 Selenium 库的使用方法。
（2）掌握使用 Selenium 库爬取动态网页的方法。

2. 需求说明

在爬取动态网页的过程中，有些内容通过逆向分析比较难爬取，所以可以通过模拟浏览器行为的 Selenium 库，来爬取"http://www.ptpress.com.cn/search/books"首页的 Java 图书的图片、标题等信息。

3. 实现思路及步骤

（1）模拟浏览器行为，在"http://www.ptpress.com.cn/search/books"首页搜索"Java"，并单击"搜索"按钮。
（2）打开 Chrome 开发者工具，查找想要爬取的信息内容。
（3）使用正则表达式解析需要爬取的内容，再爬取相应的信息。

实训 3　将数据存储到 MongoDB 数据库中

1. 训练要点

（1）掌握 MongoDB 数据库的基本使用方法。
（2）掌握将爬取的数据存储到 MongoDB 数据库中。

2. 需求说明

为了便于数据的使用及查找，爬取到的数据一般都会存储到数据库中，由于 MongoDB 对海量数据存储有着很明显的优势，所以选择将实训 1 爬取到的数据存储到 MongoDB 数据库中。

3. 实现思路及步骤

（1）建立连接数据库，获取集合。
（2）将数据插入集合中。

课后习题

1. 选择题

（1）下列不属于动态网页的是（　　）。
　　A．京东首页　　B．CSDN 首页　　C．微博首页　　D．Selenium 官网
（2）下列 Selenium 库的方法中，通过元素名称进行多元素定位的是（　　）。
　　A．find_element_by_name　　　　B．find_elements_by_name

C．find_elements_by_id　　　　　D．find_elements_by_class_name

（3）下列连接 MongoDB 数据库的代码中，错误的是（　　）。

　　A．pymongo.MongoClient()

　　B．pymongo.MongoClient(27017)

　　C．pymongo.MongoClient('localhost')

　　D．pymongo.MongoClient('localhost',27017)

2．操作题

（1）爬取"http://www.ptpress.com.cn/"的新闻的信息。

（2）将爬取到的数据存储到 MongoDB 数据库中。

第 5 章 模拟登录

在互联网中，一些网页无须登录即可访问，但有些网页需要登录才能够访问，例如，在新浪微博中，登录后才能访问用户的第二页信息。本书的第 3 章和第 4 章介绍的都是爬取无须登录就能够访问的网页的情况，若要爬取登录后才能访问的网页，则需要先模拟登录该网页。本章主要介绍表单登录和 Cookie 登录两种模拟登录的方法。

学习目标

（1）使用 Requests 库实现 POST 请求。
（2）使用 Chrome 开发者工具查找模拟登录需要的相关信息。
（3）掌握表单登录、Cookie 登录的流程。

任务 5.1 使用表单登录方法实现模拟登录

任务描述

表单登录是指通过编写程序模拟浏览器向服务器端发送 POST 请求，提交登录需要的表单数据，获得服务器端认可，返回需要的结果，从而实现模拟登录。使用表单登录的方法模拟登录网页"http://www.tipdm.org"。

任务分析

（1）使用 Chrome 开发者工具，查找提交入口。
（2）使用 Chrome 开发者工具，查找需要提交的表单数据。
（3）获取验证码数据。
（4）使用 POST 方法向服务器发送登录请求。

5.1.1 查找提交入口

提交入口指的是登录网页（类似图 5-1）的表单数据（如用户名、密码、验证码等）的真实提交地址，它不一定是登录网页的地址，出于安全需要它可能会被设计成其他地址。找到表单数据的提交入口是表单登录的前提。

提交入口的请求方法大多数情况下是 POST，因为用户的登录数据是敏感数据，使用 POST 请求方法能够避免用户提交的登录数据在浏览器端被泄露，从而保障数据的安全性。因此，请求方法是否为 POST 可以作为判断提交入口的依据。

第 5 章 模拟登录

使用 Chrome 开发者工具，查找网页"http://www.tipdm.org"的提交入口，步骤如下。
（1）打开网站，单击右上角的"登录"按钮，进入登录页面，如图 5-1 所示。

图 5-1　登录页面

（2）打开 Chrome 开发者工具后打开网络面板，勾选"Preserve log"（保持日志）复选框。按"F5"键刷新网页显示各项资源，如图 5-2 所示。

图 5-2　显示各项资源

（3）在登录页面输入账号、密码、验证码，单击"登录"按钮，提交表单数据，此时 Chrome 开发者工具会加载新的资源。

（4）观察 Chrome 开发者工具左侧的资源，找到"login.jspx"资源并单击，观察右侧的"Headers"标签下的"General"信息，如图 5-3 所示，可发现"Request Method"的信息为"POST"，即请求方法为 POST，可以判断"Request URL"的信息即为提交入口。

图 5-3　Chrome 开发者工具获取到的提交入口

107

5.1.2 查找并获取需要提交的表单数据

1. 查找需要提交的表单数据

需要提交的表单数据是指向提交入口（代表的服务器端）发送登录请求时，服务器端要求提交的表单数据，一般包括但不限于账号、密码、验证码。需要提交的表单数据一般多于登录网页要求输入的表单数据，因为某些需要提交的表单数据是在用户登录时才会自动生成并提交的，所以在登录网页是看不到的。

需要注意的是，与爬取无须登录的网页相同，爬取需要登录的网页时，如果向服务器端提交请求，也必须带上请求头信息，伪装成浏览器进行提交，否则服务器端会拒绝请求。除了常规的 User-Agent 信息外，一些网站可能出于安全的需要，强制客户端必须带上某些指定的请求头信息，这就需要模拟登录时带上这些请求头信息。

在 5.1.1 小节中，使用 Chrome 开发者工具可获取提交入口，在"Headers"标签中，"Form Data"信息为服务器端接收到的表单数据，如图 5-4 所示，其中，"username"表示账号，"password"表示密码，"captcha"表示验证码，"returnUrl"表示跳转网址。returnUrl 由系统自动生成并提交，它在登录网页时无须输入。

图 5-4　Chrome 开发者工具获取到的表单数据

测试表单登录时，returnUrl 是不需要提交的，但其他信息必须提交。判断哪些信息必须提交只能通过实际测试来判断，一般账号、密码、验证码是必须提交的。如果某些信息每次请求时都会变，那么它一般也是需要提交的。对于需要提交且每次登录都不会变的数据，直接复制提交即可。但对于需要提交且每次登录都会变的数据，必须想办法获取到。本小节中的 captcha 信息的值每次登录都会变，它也是必须要提交的，所以需要获取它的值。

2. 处理验证码

（1）识别验证码

验证码的目的是区分正常人和机器的操作，它是表单登录的主要障碍，所以必须获取它，要获取它必先识别它。

在模拟登录的过程中，识别验证码的方法主要有 3 种：人工识别、编写程序自动识别、使用打码接口识别。编写程序自动识别验证码的方法涉及图像处理相关知识，难度较高且原理复杂，故本书不涉及，而使用打码接口的方法需支付一定的费用，所以本小节主要介绍人工识别验证码的方法，操作简单且无须支付额外费用。

第❺章 模拟登录

人工识别验证码分为 3 个步骤：获取生成验证码的图片地址；将验证码图片下载到本地；人工识别验证码。其中，获取生成验证码的图片地址是关键，需要借助 Chrome 开发者工具。需要注意的是，有时获取的地址并不是图片的直接地址，可能是验证码接口，需要进一步从接口中获取图片。

获取生成验证码的图片地址的步骤如下。

① 打开网站，进入登录网页，若已登录需先退出。打开 Chrome 开发者工具后打开网络面板，按"F5"键刷新网页。

② 观察 Chrome 开发者工具左侧的资源，找到"captcha.svl"资源并单击，观察右侧的"Preview"标签，若显示验证码图片，如图 5-5 所示，则"captcha.svl"资源的 Request URL 信息即为生成验证码的图片的地址，如图 5-6 所示。

图 5-5 Chrome 开发者工具获取到的验证码图片

图 5-6 验证码图片对应的验证码地址

获取生成验证码的图片的地址后，下一步需要对图片地址发送请求，然后将图片下载到本地，最后人工打开图片识别验证码。使用 PIL 库的 Image 模块可以自动调用本机的图片查看程序打开验证码图片，效率更高。Image 模块自动打开图片分为两步：使用 open 方法创建一个 Image 对象；使用 show 方法显示图片。open 方法和 show 方法的基本语法格式如下。

```
Image.open(fp, mode='r')
Image.show(title = None, command = None)
```

open 方法和 show 方法的常用参数及其说明，如表 5-1 所示。

表 5-1　open 方法和 show 方法的常用参数及其说明

方法	参数名称	说明
open	fp	接收 str。表示图片路径地址。无默认值
show	title	接收 str。表示图片标题。默认为 None

实现人工识别验证码，如代码 5-1 所示。

代码 5-1　人工识别验证码

```
>>> # 导入 Requests 库
>>> import requests
>>> # 导入 PIL 库的 Image 模块
>>> from PIL import Image

>>> # 设置请求头的 User-Agent
>>> headers = {'User-Agent' : 'Mozilla/5.0 (Windows NT 6.1; Win64; x64) Chrome/65.0.3325.181'}
>>> # 验证码地址
>>> captcha_url = 'http://www.tipdm.org/captcha.svl'
>>> # 向验证码地址发送请求
>>> r = requests.get(captcha_url, headers=headers)

>>> # 将图片保存到本地
>>> with open('../tmp/captcha.gif', 'wb') as f:
        f.write(r.content)
>>> # 创建 Image 对象
>>> im = Image.open('../tmp/captcha.gif')
>>> # 调用本机图片查看程序打开图片
>>> im.show()

>>> # 输入验证码图片上的字符，然后按 "Enter" 键
>>> captcha = input('请输入验证码： ')
>>> # 打印验证码字符
>>> print('获取的验证码为： ',captcha)
获取的验证码为：begv
```

注：验证码每次都会变，故输出的结果可能不同。

（2）代理 IP 跳过验证码

很多时候，在登录后的爬取过程中也会弹出验证码，当使用同一个 IP 长时间高频率爬取网页时，该网站的服务器可能会判定该 IP 在爬取数据，从而触发网站的安全机制，在客

第 5 章　模拟登录

户端弹出验证码，只有输入验证码后，客户端的访问请求才能继续被接受和处理，图 5-7 是爬取淘宝网时弹出验证码的情况。

图 5-7　爬取淘宝网时弹出验证码

每次输入验证码会比较麻烦，效率低下。而且当网站服务器多次对指定 IP 弹出验证码后，可能会封禁该 IP，导致爬取无法进行。因此，使用代理 IP 的方法，即使用多个 IP 切换跳过验证码，成为应对反爬虫的主要手段。

① 获取代理 IP

获取代理 IP 的方法主要有以下 3 种。

a. VPN：是 Virtual Private Network 的简称，指专用虚拟网络。国内外很多厂商都提供 VPN 服务，VPN 服务可自动更换 IP，实时性高，速度快，但价格较高，适合商用。

b. IP 代理池：指大量 IP 地址集。国内外很多厂商将 IP 做成代理池，提供 API 接口，允许用户使用程序调用，但其价格也较高。

c. ADSL 宽带拨号：是一种宽带上网方式。特点是断开重连会更换 IP，爬虫可使用这个原理更换 IP，但该方法的效率低，实时性差。

大多数的代理 IP 服务都是收费的，但市面上也有一些提供免费代理 IP 服务的网站，这些免费的代理 IP 具有一定的时效性，并且不稳定，适合用于爬虫测试及临时使用。

② 使用 Requests 库配置代理 IP

第 3 章已经介绍过 Requests 库中发送 GET 请求的函数为 get，配置代理 IP 的参数是 proxies，它接收 dict。使用代理 IP 向网页 "http://www.tipdm.org" 发送请求，如代码 5-2 所示。

代码 5-2　使用代理 IP 发送请求

```
>>> # 配置代理 IP
>>> proxies = {'http': 'http://172.18.101.221:3182'}

>>> # 发送请求
>>> r = requests.get("http://www.tipdm.org", proxies=proxies)
>>> print('发送请求后返回的状态码为: ',r.status_code)
发送请求后返回的状态码为: 200
```

注：以上代理随时失效，所以返回的结果可能不为 200，而是跳出 TimeoutError。

为保障安全性，一些代理服务器设置了用户名和密码，使用它的 IP 时需要带上用户名和密码，IP 地址的基本格式如下。

```
http://用户名:密码@服务器地址
```

使用加密代理 IP 向网页"http://www.tipdm.org"发送请求，如代码 5-3 所示。

代码 5-3　使用加密代理 IP 发送请求

```
>>> # 配置加密代理 IP
>>> proxies = {'http': 'http://root:12345@10.10.1.10:3128/'}
>>> # 发送请求
>>> r = requests.get("http://www.tipdm.org", proxies=proxies)
>>> print('发送请求后返回的状态码为：',r.status_code)
发送请求后返回的状态码为：200
```

注：以上代理随时失效，所以返回的结果可能不为 200，而是跳出 TimeoutError。

5.1.3　使用 POST 请求方法登录

POST 请求方法能够保障用户端提交数据的安全性，因此它被一般需要登录的网站所采用。Requests 库的 post 函数能够以 POST 请求方法向服务器端发送请求，它会返回一个 Response <Response>对象。post 函数的基本语法格式如下。

```
requests.post(url, data=None, json=None, **kwargs)
```

post 函数常用的参数及其说明，如表 5-2 所示。

表 5-2　post 函数常用的参数及其说明

参　数	说　明
url	接收 str。表示提交入口。无默认值
data	接收 dict。表示需要提交的表单数据。无默认值

使用 post 函数向"http://www.tipdm.org/login.jspx"发送请求，如代码 5-4 所示。

代码 5-4　使用 post 函数发送请求

```
>>> # 将需要提交的表单数据放进 dict
>>> login_data = {'username': 'pc2019','password':'pc2019','captcha':'begv'}
>>> # 发送请求
>>> r = requests.post('http://www.tipdm.org/login.jspx', data=login_data)
>>> print('发送请求后返回的状态码为：',r.status_code)
发送请求后返回的状态码为：200
```

需要注意的是，若某些需要提交的表单数据是通过请求的方式获得的，则发送此请求的客户端与最后发送 POST 请求的客户端必须是同一个，否则会导致最后表单登录的请求失败，因为当客户端不同的时候，请求得到的表单数据和最后发送 POST 请求时服务器端

第 5 章 模拟登录

要求的表单数据是不匹配的，本章中获取验证码图片的地址的案例属于此情况。

Cookie 可用于服务器端识别客户端，当发送请求的客户端享有同样的 Cookie 时，即可认定客户端是同一个。Requests 库的会话对象 Session 能够跨请求地保持某些参数，例如，它令发送请求的客户端享有相同的 Cookie，从而保证表单数据的匹配。以 POST 请求方法为例，通过 Session 发送请求的基本语法格式如下。

```
s = requests.Session()
s.post(url, data=None, json=None, **kwargs)
```

使用 Session 对象向 "http://www.tipdm.org/login.jspx" 发送请求，如代码 5-5 所示。

代码 5-5　使用 Session 对象发送请求

```
>>> # 需要提交的表单数据
>>> login_data = {'username': 'pc2019','password':'pc2019','captcha':'begv'}

>>> # 创建会话对象
>>> s = requests.Session()
>>> # 使用 Session 对象发送请求
>>> r = s.post('http://www.tipdm.org/login.jspx', data=login_data)

>>> print('发送请求后返回的状态码为: ',r.status_code)
发送请求后返回的状态码为: 200
```

最后判断是否模拟登录成功。模拟登录是为了爬取需要登录才能访问的网页。当进行模拟登录操作后，若对原先需要登录才能访问的网页发送请求能够返回需要的信息（一般是源代码），则证明登录成功。需要注意的是，返回状态码 200 并不能证明登录成功，它只表明表单数据被成功发送出去。

针对网页 "http://www.tipdm.org"，用户只有登录以后才能访问会员中心，其网址为 "http://www.tipdm.org/member/index.jspx"。模拟登录后，若向该网址发送请求能够返回需要的信息，则证明登录成功，否则失败，以此作为判断标准最为准确，但稍显麻烦。经测试发现，访问模拟登录后返回的 Response 对象的 URL 属性（格式如 r.url），若返回的 URL 为 "http://www.tipdm.org/bdrace/index.html"，也可说明登录成功，因为它是在成功登录后返回的网址，否则返回的是提交入口 "http://www.tipdm.org/login.jspx"。需要注意的是，每个网页判断登录成功的手段都不一样，但最终标准只有一个，即能够从需要登录的网页返回需要的信息。

使用 Requests 库的 post 函数，结合 5.1.1 小节和 5.1.2 小节已经实现的步骤，模拟登录 "http://www.tipdm.org"。若最后打印出来的跳转网址为 "http://www.tipdm.org/bdrace/index.html"，则说明登录成功。使用表单登录方法模拟登录网页 "http://www.tipdm.org"，如代码 5-6 所示。

代码 5-6　使用表单登录方法模拟登录网页 "http://www.tipdm.org"

```
>>> import requests
>>> from PIL import Image
```

```
>>> # 创建会话对象 Session
>>> s = requests.Session()
>>> # 提交入口
>>> login_url = 'http://www.tipdm.org/login.jspx'
>>> # 请求头的 User-Agent
>>> headers = {'User-Agent' : 'Mozilla/5.0 (Windows NT 6.1; Win64; x64)
Chrome/65.0.3325.181'}
>>> # 识别验证码函数
>>> def get_captcha():
        # 验证码图片生成地址
        captcha_url = 'http://www.tipdm.org/captcha.svl'
        # 向验证码地址发送请求，获取图片
        r = s.get(captcha_url, headers=headers)
        # 将图片保存到本地
        with open('../tmp/captcha1.gif', 'wb') as f:
            f.write(r.content)
        # 创建 Image 对象
        im = Image.open('../tmp/captcha1.gif')
        # 调用本机图片查看程序打开图片
        im.show()
        # 输入验证码图片上的字符，然后按"Enter"键
        captcha = input('请输入验证码：')
        return captcha
>>> # 构建需要提交的表单数据 dict
>>> login_data = {'username': 'pc2019','password':
'pc2019','captcha':get_captcha()}
>>> # 提交表单数据，使用 POST 请求方法向提交入口发送请求
>>> r = s.post(login_url, data=login_data, headers=headers)
>>> # 测试是否成功登录
>>> print('发送请求后返回的网址为：',r.url)
发送请求后返回的网址为：http://www.tipdm.org/bdrace/index.html
```

任务 5.2　使用 Cookie 登录方法实现模拟登录

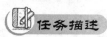

Cookie 登录是指携带已经成功登录的 Cookie 向服务器端发送请求，此时服务器端会认

第 5 章 模拟登录

定发送请求的客户端已经成功登录，故返回客户端需要的结果。表单登录是获得成功登录的 Cookie 的手段之一，相对于表单登录，Cookie 登录的好处是节约时间。Cookie 登录无须再向提交入口发送 POST 请求，因此也无须输入验证码，实现难度也小。使用 Cookie 登录的方法模拟登录网页"http://www.tipdm.org"。

任务分析

（1）使用 Chrome 开发者工具获取浏览器的 Cookie，实现模拟登录。
（2）加载已经保存的表单登录后的 Cookie，实现模拟登录。

5.2.1 使用浏览器 Cookie 登录

Cookie 保存在发起请求的客户端（如浏览器）中，服务器端使用 Cookie 来区分不同的客户端。Cookie 成为服务器端识别客户端身份，保存客户端信息（如登录状态）的重要工具。这意味着，只要获得某客户端的 Cookie，便可模仿它来和服务器对话，获得服务器端的认可，从而实现模拟登录的目的。需要注意的是，Cookie 具有时效性，失效的 Cookie 会导致登录失败。此外，原客户端退出登录，也会导致登录失败。

使用浏览器 Cookie 登录指使用从浏览器（客户端）获取到的成功登录的 Cookie 来模拟登录，可以分为以下两个步骤。

1．获取 Cookie

获取 Cookie 可分以下两步进行。
（1）登录网站。输入账号、密码、验证码，保证成功登录网站。
（2）找到登录成功后返回的页面地址的 Cookie，步骤如下。

① 打开 Chrome 开发者工具后打开网络面板，按"F5"键刷新网页，出现资源。找到左侧的"index.html"资源，它代表的是本网页地址，可以看到，"Request URL"的信息与本网页地址相吻合，如图 5-8 所示。

图 5-8 找到返回页面对应的资源

② 观察右侧"Headers"标签，找到 Cookie 信息，它即为登录成功后的 Cookie，将其保存下来，如图 5-9 所示。

图 5-9 找到 Cookie 信息

2. 携带 Cookie 发送请求

使用 Requests 库的 get 函数设置发送请求，携带 Cookie 的参数是 cookies，它接收 dict 或 CookieJar。从浏览器获取的 Cookie 为 str 类型，需要处理成 dict 类型。携带浏览器的 Cookie 发送请求，模拟登录网页"http://www.tipdm.org"，如代码 5-7 所示。

代码 5-7　携带浏览器的 Cookie 发送请求

```
>>> login_url = 'http://www.tipdm.org/login.jspx'
>>> headers = {'User-Agent' : 'Mozilla/5.0 (Windows NT 6.1; Win64; x64) Chrome/65.0.3325.181'}

>>> # 从浏览器登录后复制 Cookie
>>> cookie_str = 'te_id_cookie=1; JSESSIONID=DFC3AF053B5F5B6B4830954F2A2AAA37; clien\
tlanguage=zh_CN; __qc_wId=740; JSESSIONID=DFC3AF053B5F5B6B4830954F2A2AAA37; user\
name=pc2019'
>>> # 把 Cookie 字符串处理成 dict 类型，以便接下来使用
>>> cookies = {}
>>> for line in cookie_str.split(';'):
    key, value = line.split('=', 1)
    cookies[key] = value

>>> # 携带 Cookie 发送请求
>>> r = requests.get(login_url,cookies=cookies,headers=headers)

>>> # 测试是否成功登录
>>> print('发送请求后返回的网址为：',r.url)
发送请求后返回的网址为： http://www.tipdm.org/bdrace/index.html
```

注：Cookie 需为操作者最新登录的 Cookie。

5.2.2 基于表单登录的 Cookie 登录

实现第一次表单登录后，可以将 Cookie 保存下来以便下次直接使用。相较于使用浏览器 Cookie 登录的方法，表单登录后的 Cookie 无须处理。此外，Cookie 失效后再次进行表单登录即可获得最新的 Cookie。

基于表单登录的 Cookie 登录，首先需要存储首次登录后的 Cookie，然后加载已保存的 Cookie，具体实现步骤如下。

1. 存储 Cookie

存储和加载 Cookie 需要用到 http 库的 cookiejar 模块，它提供了可存储 Cookie 的对象。cookiejar 模块下的 FileCookieJar 用于将 Cookie 保存到本地磁盘和从本地磁盘加载 Cookie 文件，LWPCookieJar 是 FileCookieJar 的子类。LWPCookieJar 对象存储和加载的 Cookie 文件格式为 Set-Cookie3，是比较常用的一种。创建 LWPCookieJar 对象的函数是 LWPCookieJar，其基本语法格式如下。

```
http.cookiejar.LWPCookieJar(filename,delayload = None)
```

LWPCookieJar 函数的常用参数及其说明，如表 5-3 所示。

表 5-3 LWPCookieJar 函数的常用参数及其说明

参数	说明
filename	接收 str。表示需要打开或保存的文件名，无默认值

LWPCookieJar 对象的 save 方法可用于保存 Cookie，其基本语法格式如下。

```
http.cookiejar.LWPCookieJar.save(filename=None, ignore_discard=False, ignore_expires=False)
```

save 方法常用的参数及其说明，如表 5-4 所示。

表 5-4 save 方法常用的参数及其说明

参数	说明
filename	接收 str。需要保存的文件名。默认为空
ignore_discard	接收 bool。表示即使 Cookie 将被丢弃也要将它保存下来。默认为 False
ignore_expires	接收 bool。表示如果在该文件中 Cookie 已经存在，则覆盖原文件写入。默认为 False

使用 save 方法保存表单登录成功后的 Cookie，保存后的 Cookie 文件放在了根目录，如代码 5-8 所示。

代码 5-8 保存表单登录成功后的 Cookie

```
>>> import requests
>>> from PIL import Image
>>> # 导入cookiejar模块
>>> from http import cookiejar
```

```
>>> s = requests.Session()
>>> # 创建 LWPCookieJar 对象，若 Cookie 不存在，则建立 Cookie 文件，命名为 cookie
>>> s.cookies = cookiejar.LWPCookieJar('cookie')

>>> login_url = 'http://www.tipdm.org/login.jspx'
>>> headers = {'User-Agent' : 'Mozilla/5.0 (Windows NT 6.1; Win64; x64) Chrome/65.0.3325.181'}

>>> def get_captcha():
        captcha_url = 'http://www.tipdm.org/captcha.svl'
        response = s.get(captcha_url, headers=headers)
        with open('../tmp/captcha.gif2', 'wb') as f:
            f.write(response.content)
        im = Image.open('../tmp/captcha2.gif')
        im.show()
        captcha = input('请输入验证码：')
        return captcha

>>> login_data = {'username': 'pc2019','password': 'pc2019','captcha':get_captcha()}
>>> r = s.post(login_url, data=login_data, headers=headers)

>>> # 测试是否成功登录
>>> print('发送请求后返回的网址为：',r.url)
发送请求后返回的网址为： http://www.tipdm.org/bdrace/index.html

>>> # 保存 Cookie
>>> s.cookies.save(ignore_discard=True, ignore_expires=True)
```

2. 加载 Cookie

LWPCookieJar 对象的 load 方法用于加载 Cookie，其基本语法格式如下。

```
http.cookiejar.LWPCookieJar.load(filename=None,                ignore_discard=False, ignore_expires=False)
```

load 方法常用的参数及其说明，如表 5-5 所示。

表 5-5　load 方法常用的参数及其说明

参数	说明
filename	接收 str。表示需要加载的 Cookie 文件名。默认为 None
ignore_discard	接收 bool。表示即使 Cookie 不存在，也要加载。默认为 False
ignore_expires	接收 bool。表示覆盖原有 Cookie。默认为 False

第 5 章　模拟登录

加载表单登录后的 Cookie 并发送请求,实现模拟登录,如代码 5-9 所示。

代码 5-9　加载表单登录后的 Cookie 并发送请求

```
>>> # 判断保存的 Cookie 文件是否存在,存在则加载
>>> try:
        s.cookies.load(ignore_discard=True)
>>> except:
        print('Cookie 未能加载! ')

>>> # 携带 Cookie 提交请求
>>> r = s.get(login_url, headers = headers)

>>> # 测试是否成功登录
>>> print('发送请求后返回的网址为: ',r.url)
发送请求后返回的网址为: http://www.tipdm.org/bdrace/index.html
```

小结

本章以模拟登录网页"http://www.tipdm.org"为主线,主要介绍了以下内容。

(1)模拟登录的两种主要方法,即表单登录和 Cookie 登录。其中,Cookie 登录又分为使用浏览器 Cookie 登录和基于表单登录的 Cookie 登录。

(2)表单登录的基本流程为,查找提交入口、查找并获取需要提交的表单数据、使用 POST 方法请求登录。在实际应用中,获取需要提交的表单数据会是重点,因为各个网站需要提交的表单数据不一样,获取的难度也不一样,但大致的流程不变。

(3)Cookie 登录的基本流程为,保存已经成功登录的 Cookie、使用保存的 Cookie 发送请求。

实训

实训 1　使用表单登录方法模拟登录数睿思论坛

1. 训练要点

(1)掌握获取提交入口的方法。
(2)掌握查找并获取需要提交的表单数据的方法。
(3)掌握 POST 请求方法。

2. 需求说明

数睿思论坛(http://bbs.tipdm.org:8857)是"泰迪杯"数据挖掘挑战赛的官方指定论坛,参赛者可以通过论坛交流学习。要求发送登录请求后的打印出来的 URL 为"http://bbs.tipdm.org:8857/;jsessionid=8A9DB0CA18E6E4CB6DCA109842FCB0D5",其中,"jsessionid"后面的值不固定(测试账号是 pc2019,密码是 pc2019)。

3. 实现思路及步骤

（1）使用 Chrome 开发者工具获取数睿思论坛的提交入口。
（2）使用 Chrome 开发者工具查找并获取需要提交的表单数据。
（3）发送 POST 请求实现表单登录。

实训 2　使用浏览器 Cookie 模拟登录数睿思论坛

1. 训练要点

（1）掌握获取浏览器 Cookie 的方法。
（2）掌握使用浏览器 Cookie 登录的方法。

2. 需求说明

使用浏览器 Cookie 登录的方法模拟登录数睿思论坛。要求发送登录请求后的打印出来的 URL 为 "http://bbs.tipdm.org:8857/"。

3. 实现思路及步骤

（1）使用 Chrome 开发者工具获取浏览器 Cookie。
（2）处理已获取的浏览器 Cookie 数据，将其数据类型转换为 dict。
（3）携带 Cookie 发送请求。

实训 3　基于表单登录后的 Cookie 模拟登录数睿思论坛

1. 训练要点

（1）掌握 http 库的 cookiejar 模块存储 Cookie 的方法。
（2）掌握 http 库的 cookiejar 模块调用 Cookie 的方法。

2. 需求说明

实训 1 已经实现了表单登录，基于表单登录后的 Cookie 实现模拟登录。要求发送登录请求后的打印出来的 URL 为 "http://bbs.tipdm.org:8857/"。

3. 实现思路及步骤

（1）表单登录，使用 http 库的 cookiejar 模块存储 Cookie。
（2）使用 http 库的 cookiejar 模块加载已经存储的 Cookie 请求。

课后习题

1. 选择题

（1）获取代理 IP 的方法有（　　）。
　　A．VPN　　　　B．IP 代理池　　C．ADSL 宽带拨号　　D．以上皆是
（2）表单登录需要使用的请求方法是（　　）。
　　A．GET　　　　B．POST　　　　C．PUT　　　　　　　D．DELETE
（3）使用 Requests 库配置代理 IP 发送请求的参数是（　　）。
　　A．proxies　　　B．agency　　　C．IP　　　　　　　　D．url

（4）Requests 库中携带 Cookie 发送请求的参数是 cookies，它接收的数据类型包括（　　）。

　　　A．dict　　　　　B．CookieJar　　　C．list　　　　　　D．str

（5）关于 LWPCookieJar 对象，下列说法错误的是（　　）。

　　　A．用于存储和加载 Cookie

　　　B．存储 Cookie 的方法是 save

　　　C．加载 Cookie 的方法是 load

　　　D．FileCookieJar 是 LWPCookieJar 的子类

2．操作题

查找豆瓣（https://www.douban.com）的提交入口。

第 6 章 终端协议分析

面对困难和挑战，应依靠顽强斗争打开事业发展新天地。随着 Web 端的反爬虫方式越来越多，JavaScript 调试越来越复杂，Web 端爬虫实现越来越困难。于是，爬虫的目标逐渐转向了 PC 客户端和 App 客户端。就网易云音乐这类既有 Web 端，又有 PC 客户端，还有 App 客户端的跨终端应用而言，虽然在 Web 端、PC 客户端和 App 客户端上都可以在线听音乐，获取歌曲和专辑的信息，但是网易云音乐的链接请求是加密的，在 Web 端实现爬虫比较困难，如果能把爬虫伪装成 PC 客户端和 App 客户端来模拟它们的请求方式，就可以比较容易地对数据进行爬取。这也是本章终端协议分析的意义所在，即不再局限于 Web 端爬虫。本章将介绍如何对 PC 客户端和 App 客户端进行网络信息的爬取。

学习目标

（1）使用 Http Analyzer 工具抓取 PC 客户端的包。
（2）使用 Fiddler 工具抓取人民日报手机 App 的包。
（3）利用 Fiddler 工具抓取的包，爬取人民日报手机 App 的数据。

 分析 PC 客户端抓包

任务描述

常用的 PC 客户端上的抓包工具有 Wireshark、Http Analyzer 等。Wireshark 适合几乎所有网络协议的分析，功能强大，但相对臃肿。Http Analyzer 则更专注于对 HTTP/HTTPS 的分析，同时还提供了针对某个进程进行抓包的功能。使用 Http Analyzer 工具实现千千音乐 PC 客户端分析，爬取相关音乐数据。

任务分析

（1）了解 PC 客户端。
（2）了解 Http Analyzer 工具的一些基本功能。
（3）利用 Http Analyzer 工具进行抓包分析，得到一个标准的 HTML 文档。

6.1.1　了解 HTTP Analyzer 工具

本节使用的是 HTTP Analyzer V7.6。HTTP Analyzer 工具是一款实时分析 HTTP/HTTPS

第 6 章 终端协议分析

数据流的工具,可以实时捕捉 HTTP/HTTPS 数据,可以显示许多信息(包括文件头、HTML 内容、Cookie、查询字符串、提交的数据、重定向的 URL 地址),可以提供缓冲区信息、清理对话内容、HTTP 状态信息和其他过滤选项。HTTP Analyzer 工具还是一个非常有用的分析、调试和诊断的开发工具,它可以集成在 IE 浏览器中抓取 HTML 信息,也可安装为单独的应用程序。

HTTP Analyzer 工具的主界面如图 6-1 所示。单击图 6-1 左上方的"Start"按钮,即可开始记录当前处于会话状态的所有应用程序的 HTTP 流量。如果当前没有正在进行网络会话的应用程序,可以在单击"Start"按钮后,使用浏览器打开任意一个网页,即可看到相应的 HTTP 的流量信息。如果当前有应用程序正在进行网络会话,即可看到中间的网格部分会显示一条或者多条详细的 HTTP 流量信息,如图 6-2 所示,单击任意的 HTTP 连接,即可查看该连接所对应的详细信息,捕获到的 HTTP 连接信息显示在中间的网格中,每个窗口的具体信息如下。

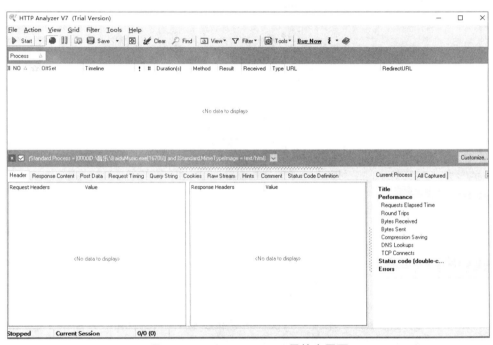

图 6-1　HTTP Analyzer 工具的主界面

(1)图 6-2 所示的窗口 1 显示了所有的 HTTP 连接的流量信息,并可以根据进程和时间进行归类排序。

(2)图 6-2 所示的窗口 2 以选项卡的形式显示了选中的 HTTP 连接的详细信息,包括 HTTP 头部信息、响应内容、表单数据、请求计时、查询字符串、Cookies、原始数据流、提示信息、注释、响应状态码的解释信息。

(3)图 6-2 所示的窗口 3 显示了当前连接的所属进程的相关信息。

单击"Start"按钮下面的"Process"下拉框,可以根据进程来过滤数据,在左边可选择进程,右边显示的是内容,可以清楚地看到每个进程对应的内容,如图 6-3 所示。

Python 网络爬虫技术

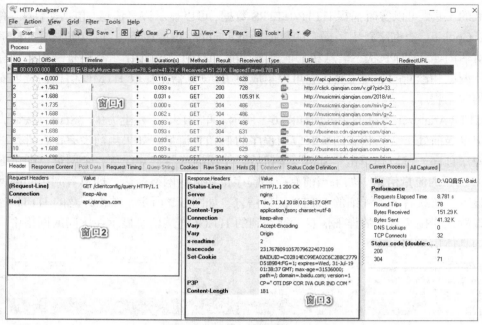

图 6-2 详细的 HTTP 流量信息

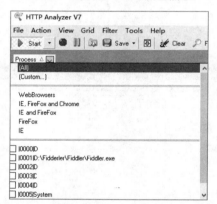

图 6-3 进程对应的内容

以 text/html 为过滤条件，单击"Type"下拉框，选择"text/html"，窗口 1 显示的是内容，可以通过数据类型进行过滤来得到结果，如图 6-4 所示。

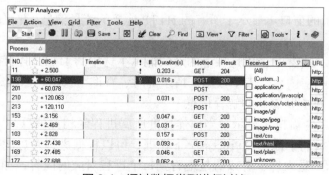

图 6-4 通过数据类型进行过滤

6.1.2 爬取千千音乐 PC 客户端数据

在千千音乐 PC 客户端，使用 HTTP Analyzer 工具分别获取歌手的个人信息、热门歌曲、专辑信息及热门评论等 API，步骤如下。

（1）打开千千音乐 PC 客户端，如图 6-5 所示。

图 6-5　千千音乐 PC 客户端

（2）启动 HTTP Analyzer，选择仅显示千千音乐 PC 客户端信息的进程，并以 text/html 为过滤条件，在千千音乐客户端中的搜索框搜索某歌手，可以看到图 6-6 所示的抓包效果。

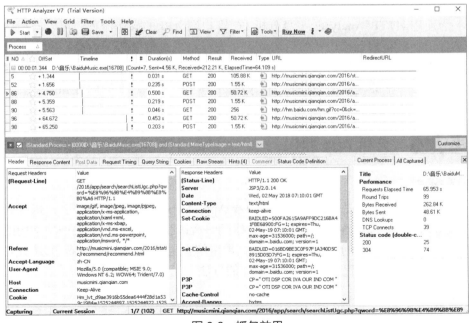

图 6-6　抓包效果

（3）针对图6-6所示的抓包效果，主要关注搜索请求的类型头和响应。可以发现，搜索使用的是 GET 请求。选择之前搜索的某歌手的请求链接，它是一个 API。此时，响应的内容如图6-7所示。

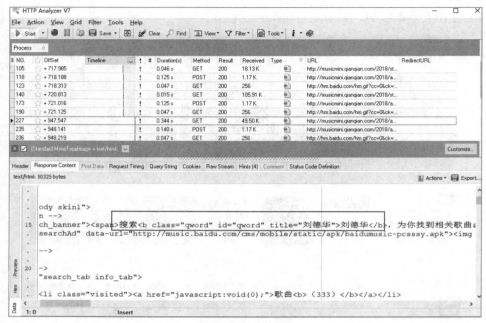

图 6-7　抓包效果

从图 6-7 可以看出，响应是一个标准的 HTML 文档，可以使用第 3 章介绍的 Beautiful Soup 库对它进行解析和数据提取。同时，在 HTML 信息中可发现歌手的个人信息、热门歌曲、专辑信息及热门评论的 API。

以上为使用 HTTP Analyzer 工具分析 PC 客户端 API 的操作流程，可以根据这种方式分析出某音乐的所有信息接口，然后启动爬虫发送请求进行解析。但是，本小节的分析比较简单，如果客户端的链接请求是加密的，那么这样分析起来相当困难，例如，网易云音乐的链接请求是加密的，利用 HTTP Analyzer 工具不能爬取想要的内容和结果。因此，需要转换思路，利用其他工具来分析。

任务 6.2　分析 App 抓包

任务描述

大多数爬虫的对象都是 PC 网页，但随着 App 客户端应用数量的增多，相应的爬取需求也越来越多，因此 App 客户端的数据爬取对于一名爬虫学习者来说是一项常用的技能。本章节将以 Android 系统的手机 App 为例，来讲解在电脑端使用 Fiddler 工具对人民日报 App 进行抓包，并爬取人民日报 App 的图片的方法。

任务分析

（1）了解与设置 Fiddler 工具。

(2)通过 Fiddler 工具得到人民日报 App 的 JSON 格式的数据。

(3)利用 Fiddler 工具抓取的包,对人民日报 App 新闻信息进行爬取。

6.2.1 了解 Fiddler 工具

Fiddler 工具是位于客户端和服务器端的 HTTP 代理,也是目前最常用的 HTTP 抓包工具之一。它能够记录客户端和服务器端之间的所有 HTTP 请求,可以针对特定的 HTTP 请求分析请求数据、设置断点、调试 Web 应用、修改请求的数据,甚至可以修改服务器端返回的数据,功能非常强大,是 Web 调试的利器。

1. 设置 Fiddler 工具

设置 Fiddler 工具的具体步骤如下。

(1)单击"Tools"按钮并选择"Options"选项,如图 6-8 所示。

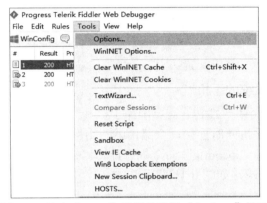

图 6-8 单击"Tools"按钮并选择"Options"选项

(2)选中"Decrypt HTTPS traffic"复选框,Fiddler 即可截获 HTTPS 请求,如图 6-9 所示。

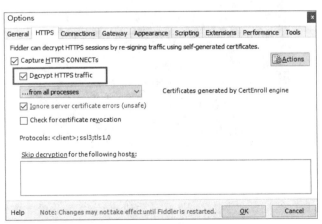

图 6-9 设置截获 HTTPS 请求

(3)切换至"Connections"选项卡,选中"Allow remote computers to connect"复选框,表示允许别的远程设备将 HTTP/HTTPS 请求发送到 Fiddler,如图 6-10 所示。此处默认的

端口号（即图 6-10 所示的"Fiddler listens on port"）是 8888，可以根据需求更改，但是需注意不能与已使用的端口冲突。

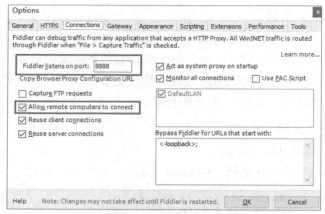

图 6-10 允许别的远程设备发出请求至设置的端口

（4）重启 Fiddler，即可完成配置。

2. 设置 Android 系统的手机

使用 Fiddler 工具进行手机抓包，需要确保手机和计算机的网络在一个局域网内，最简便的方法是让计算机和手机同时连接一个路由器，由路由器分配设备的 IP。

在命令提示符中通过"ipconfig"命令查看计算机的 IP 地址，找到无线局域网适配器 WLAN 的 IPv4 地址并记录，如图 6-11 所示。

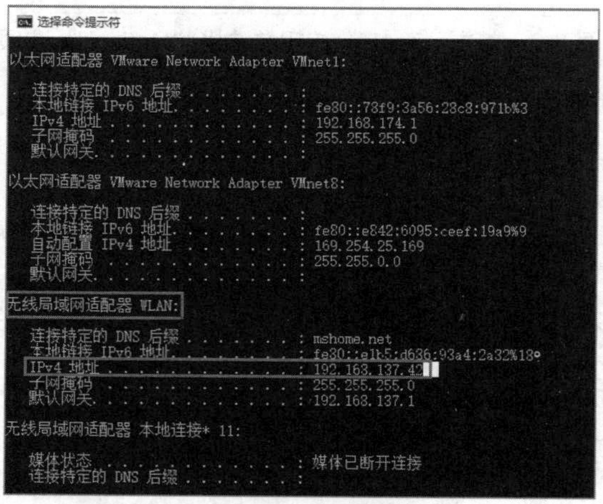

图 6-11 查看计算机端的 IP 地址

成功获取计算机的 IP 地址和端口号后，在 Android 系统手机的 Wi-Fi 设置上，找到手机连接路由器的 Wi-Fi，然后修改网络，即可对手机进行代理设置。将代理设置为手动，填入获取到的 IP 地址和端口号，单击"保存"按钮，如图 6-12 所示。

在 Android 系统手机的浏览器上打开无线局域网 IPv4 网址的 8888 端口，本节设置的安装证书网页为"http://192.168.137.42:8888"。单击"FiddlerRoot certificate"证书的安装证书，如图 6-13 所示。

第 6 章 终端协议分析

图 6-12　对 Android 系统的手机进行代理设置

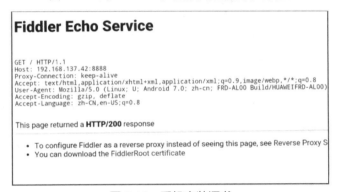

图 6-13　手机安装证书

3. 利用 Fiddler 工具进行抓包测试

设置完成 Fiddler 工具和 Android 系统的手机后，可用手机浏览器测试百度首页的抓包。手机浏览器登录百度页面，观察 Fiddler 工具左侧栏的"Host"是否含有百度的信息，若有百度信息，则说明手机成功连接上 Fiddler 工具，如图 6-14 所示。

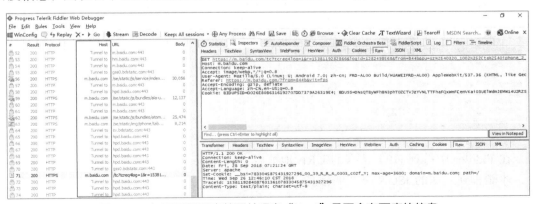

图 6-14　打开手机百度首页并观察"Host"是否含有百度的信息

6.2.2 分析人民日报 App

打开人民日报 App，如图 6-15 所示。

图 6-15　人民日报 App 客户端首页

在 Fiddler 工具的左侧栏找到人民日报 App 的信息，每个 Fiddler 工具抓取到的数据包都会在该列表中展示，单击具体的一条数据包后，可以在右侧菜单上单击"Insepectors"按钮查看数据包的详细内容。Fiddler 工具的右侧栏主要分为请求信息（即客户端发出的数据）和响应信息（服务器端返回的数据）两部分。在请求信息上，单击"Raw"按钮（显示 Headers 和 Body 数据），在响应信息单击"JSON"按钮（若请求或响应数据是 JSON 格式，则以 JSON 形式显示请求或响应的内容），如图 6-16 所示。

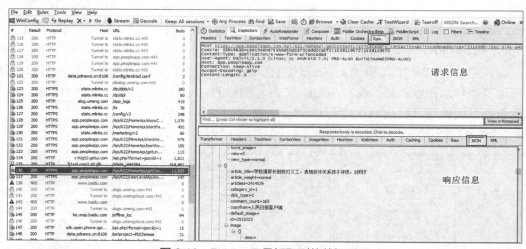

图 6-16　Fiddler 工具抓取到的数据界面

在 Fiddler 中得到 GET 请求的 URL 地址后，Chrome 浏览器需要下载 JSON-handle 插件，才能看到返回的 JSON 格式的信息，如图 6-17 所示。

第 6 章 终端协议分析

图 6-17　JSON 格式的信息

解析、爬取、存储人民日报 App 首页信息的相关代码如代码 6-1 所示。

代码 6-1　爬取人民日报 App 首页信息的相关代码

```
import requests
import urllib
url = 'http://app.peopleapp.com/Api/600/HomeApi/getContentList?category_id=
1&city=%E5%B9%BF%E5%B7%9E%E5%B8%82&citycode=020&device=7131698b-7bbc-3745-a4
0b-f3b4bb77c2a9&device_model=FRD-AL00&device_os=Android%207.0&device_product
=HUAWEI&device_size=1080*1794&device_type=1&district=%E9%BB%84%E5%9F%94%E5%8
C%BA&fake_id=8335979&id=112&image_height=1794&image_wide=1080&interface_code
=621&latitude=23.161355&longitude=113.475175&page=1&province=%E5%B9%BF%E4%B8
%9C%E7%9C%81&province_code=1527129348000&refresh_tag=0&refresh_time=15271290
00&show_num=20&update_time=0&userId=0&version=6.2.1&securitykey=e261fedba9e0
52bdea12b1e034fb7aae'
response = requests.get(url).json()
urls = []
for i in response['hots']:
    image = i['image']
    for j in image:
        urls.append(j['url'])
        print(j['url'])
# 保存到本地
x = 0
for imgurl in urls:
    urllib.request.urlretrieve(imgurl,'../tmp/%s.jpg' % x)
    x += 1
```

运行代码 6-1 所示的代码,过程和结果如代码 6-2 所示。

代码 6-2　爬取人民日报 App 首页信息的过程及结果

```
>>>python ClimbTheApp.py
http://rmrbcmsonline.peopleapp.com/upload/image/201808/rmrb_73391533705736.p
ng?x-oss-process=style/w7
http://rmrbcmsonline.peopleapp.com/upload/image/201808/rmrb_16651533705751.p
ng?x-oss-process=style/w7
http://rmrbcmsonline.peopleapp.com/upload/image/201808/rmrb_46901533705768.p
ng?x-oss-process=style/w7
http://rmrbcmsonline.peopleapp.com/upload/image/201808/rmrb_19691533705779.p
ng?x-oss-process=style/w7
http://rmrbcmsonline.peopleapp.com/upload/image/201808/rmrb_24021533705793.p
ng?x-oss-process=style/w7
……
```

注：此处部分结果已省略。

最终爬取到的人民日报 App 首页的图片如图 6-18 所示。

图 6-18　爬取到的人民日报 App 首页的图片

小结

本章介绍了如何抓取终端协议的数据,分别讲解了使用 HTTP Analyzer 工具和 Fiddler 工具抓取 PC 客户端和 App 客户端的数据的方法。本章的主要内容如下。

(1) 以千千音乐客户端为例,介绍了 HTTP Analyzer 工具的抓包过程。

(2) 以人民日报 App 为例,介绍了 Fiddler 工具抓包的过程及如何爬取人民日报 App 的图片。

第 ❻ 章　终端协议分析

实训

实训 1　抓取千千音乐 PC 客户端的推荐歌曲信息

1．训练要点

（1）了解 HTTP Analyzer 工具。
（2）掌握使用 HTTP Analyzer 工具进行抓包分析。

2．需求说明

爬虫仅仅是针对网页的信息可能还不够，有时还需要爬取客户端的信息。使用 HTTP Analyzer 工具抓取千千音乐推荐歌曲的信息。

3．实现思路及步骤

（1）打开千千音乐的 PC 客户端。
（2）使用 HTTP Analyzer 工具对推荐首页的页面信息进行抓包分析。
（3）HTTP Analyzer 工具得到的一个抓包效果如图 6-19 所示。

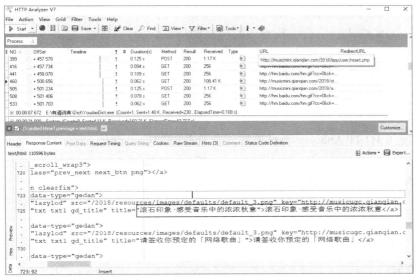

图 6-19　千千音乐客户端的抓包效果

（4）导出 HTML，查看网页源代码，得到的结果如图 6-20 所示。

图 6-20　网页源代码结果

实训 2　爬取人民日报 App 的旅游模块信息

1．训练要点

（1）了解 Fiddler 工具。
（2）掌握使用 Fiddler 工具抓取人民日报 App 的旅游信息包。
（3）掌握使用 Python 爬取 App 的首页旅游模块内容。

2．需求说明

在日益增加的 App 软件中有很多有用的信息。人民日报 App 具有很多新闻内容和文字图片，使用 Fiddler 工具抓取人民日报 App 的包，爬取人民日报 App 的旅游模块的图片及其新闻文字信息，如图 6-21 所示。

3．实现思路及步骤

（1）打开人民日报 App，在 Fiddler 工具中找到想要爬取的 JSON 格式的信息。
（2）获取人民日报 App 的 URL 页面。
（3）在 JSON 格式的信息中找到旅游模块的信息。
（4）爬取人民日报旅游模块的相关信息。

图 6-21　人民日报 App 的旅游模块

课后习题

1．选择题

（1）在使用 HTTP Analyze 工具过滤时，选择的数据类型是（　　）。
　　A．text/xml　　　B．text/css　　　C．text/html　　　D．image/png
（2）Fiddler 工具抓取到的包的数据类型是（　　）。
　　A．CSV　　　　B．JSON　　　　C．YAML　　　　D．XML
（3）【多选题】在 Fiddler 的请求信息 Raw 上，显示的数据是（　　）。
　　A．Headers　　B．HTML　　　C．Body　　　　D．Center

2．操作题

利用 Fiddler 工具爬取人民日报 App 首页的新闻信息。

第 7 章 Scrapy 爬虫

Scrapy 是一个为了爬取网站数据，提取结构性数据而编写的应用程序框架。可以应用在包括数据挖掘、信息处理或存储历史数据等一系列的程序中。其最初是为了网页抓取（网络抓取）所设计的，也可以应用在获取 API 所返回的数据（如 Amazon Associates Web Services）或通用的网络爬虫中。本章将介绍 Scrapy 爬虫程序的创建、调试、启动等，最终实现爬取网站"http://www.tipdm.com"中的"泰迪动态"。

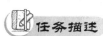

（1）了解 Scrapy 爬虫的框架。
（2）熟悉 Scrapy 的常用命令。
（3）修改 items/piplines 脚本的存储数据。
（4）编写 spider 脚本，解析网页信息。
（5）修改 settings 脚本，设置爬虫参数。
（6）定制 Scrapy 中间件。

任务 7.1　认识 Scarpy

任务描述

Scrapy 爬虫的集成程度很高，并且将所有步骤都进行了模块化，能够更加简洁、方便地进行爬虫开发与实践。学习 Scrapy 框架，首先需要了解整个 Scrapy 框架的构成及各组成部分的作用，同时还需要熟悉常见的 Scrapy 命令。

任务分析

（1）了解 Scrapy 的框架构成。
（2）了解 Scrapy 各组件的作用。
（3）熟悉常见的 Scrapy 命令。

7.1.1　了解 Scrapy 爬虫的框架

Scrapy 是一个爬虫框架而非功能函数库，简单地说，它是一个半成品，可以帮助用户简单快速地部署一个专业的网络爬虫。Scrapy 爬虫框架主要由引擎（Engine）、调度器

(Scheduler)、下载器(Downloader)、Spiders、Item Pipelines、下载器中间件(Downloader Middlewares)、Spider 中间件(Spider Middlewares)这 7 个组件构成。每个组件具有不同的分工与功能，其作用如下。

1. 引擎（Engine）

引擎负责控制数据流在系统所有组件中的流向，并能在不同的条件下触发相对应的事件。这个组件相当于爬虫的"大脑"，是整个爬虫的调度中心。

2. 调度器（Scheduler）

调度器从引擎接受请求并将它们加入队列，以便之后引擎需要它们时提供给引擎。初始爬取的 URL 和后续在网页中获取的待爬取的 URL 都将被放入调度器中，等待爬取，同时调度器会自动去除重复的 URL。如果特定的 URL 不需要去重也可以通过设置实现，如 POST 请求的 URL。

3. 下载器（Downloader）

下载器的主要功能是获取网页内容，并将其提供给引擎和 Spiders。

4. Spiders

Spiders 是 Scrapy 用户编写的用于分析响应，并提取 Items 或额外跟进的 URL 的一个类。每个 Spider 负责处理一个（一些）特定网站。

5. Item Pipelines

Item Pipelines 的主要功能是处理被 Spiders 提取出来的 Items。典型的处理有清理、验证及持久化（如存取到数据库中）。当网页中被爬虫解析的数据存入 Items 后，将被发送到项目管道（Pipelines），并经过几个特定的处理数据的次序，最后存入本地文件或数据库。

6. 下载器中间件（Downloader Middlewares）

下载器中间件是一组在引擎及下载器之间的特定钩子（Specific Hook），主要功能是处理下载器传递给引擎的响应（Response）。下载器中间件提供了一个简便的机制，可通过插入自定义代码来扩展 Scrapy 的功能。通过设置下载器中间件可以实现爬虫自动更换 User-Agent、IP 等功能。

7. Spider 中间件（Spider Middlewares）

Spider 中间件是一组在引擎及 Spiders 之间的特定钩子（Specific Hook），主要功能是处理 Spiders 的输入（响应）和输出（Items 及请求）。Spider 中间件提供了一个简便的机制，可通过插入自定义代码来扩展 Scrapy 的功能。

各组件之间的数据流向如图 7-1 所示。

数据流在 Scrapy 中由执行引擎控制，其基本步骤如下。

（1）引擎打开一个网站，找到处理该网站的 Spiders，并向该 Spiders 请求第一个要爬取的 URL。

（2）引擎将爬取请求转发给调度器（Scheduler），调度器指挥进行下一步。

（3）引擎向调度器获取下一个要爬取的请求。

（4）调度器返回下一个要爬取的 URL 给引擎，引擎将 URL 通过下载器中间件（请求

第 7 章 Scrapy 爬虫

方向）转发给下载器（Downloader）。

（5）当网页下载完毕时，下载器会生成一个该网页的响应，并将其通过下载器中间件（返回响应方向）发送给引擎。

（6）引擎从下载器中接收到响应并通过 Spider 中间件（输入方向）发送给 Spiders 处理。

（7）Spiders 处理响应并返回爬取到的 Items 及（跟进）新的请求给引擎。

（8）引擎将爬取到的 Items（Spiders 返回的）给 Item Pipelines，将请求（Spiders 返回的）给调度器。

（9）重复第（2）步直到调度器中没有更多的 URL 请求，引擎关闭该网站。

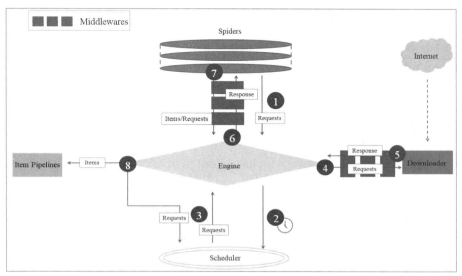

图 7-1　Scrapy 框架的数据流向图

7.1.2　熟悉 Scrapy 的常用命令

Scrapy 通过命令行进行控制，Scrapy 提供了多种命令，用于多种目的，并且每个命令都接收一组不同的参数和选项。其全局命令如表 7-1 所示。

表 7-1　Scrapy 的全局命令列表

全 局 命 令	主 要 功 能
startproject	创建 Scrapy 项目
genspider	基于预定义模板创建 Scrapy 爬虫
settings	查看 Scrapy 的设置
runspider	运行一个独立的爬虫 Python 文件
shell	（以给定的 URL）启动 Scrapy shell
fetch	使用 Scrapy 下载器下载给定的 URL，并将内容输出到标准输出流
view	以 Scrapy 爬虫所 "看到" 的样子在浏览器中打开给定的 URL
version	打印 Scrapy 版本

除了全局命令外，Scrapy 还提供了专用于项目的项目命令，如表 7-2 所示。

表 7-2 Scrapy 的项目命令列表

项目命令	主要功能
crawl	启动爬虫
check	协议（contract）检查
list	列出项目中所有可用的爬虫
edit	使用 EDITOR 环境变量或设置中定义的编辑器编辑爬虫
parse	获取给定的 URL 并以爬虫处理它的方式解析它
bench	运行 benchmark 测试

在使用 Scrapy 爬虫框架的过程中，常用的命令主要是全局命令中的 startproject、genspider、runspider，以及项目命令中的 crawl、list。

任务 7.2　通过 Scrapy 爬取文本信息

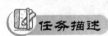

Scrapy 框架由于其高度的集成性与模块化，实际需要用户所做的工作非常少，同时，为了保证其具有一定的自主性，Scrapy 开放了许多方便用户自行二次开发的接口。实现 TipDMSpider 项目仅需修改预定义的 items、pipelines、spider、settings 脚本即可。

任务分析

（1）创建 Scrapy 爬虫项目。
（2）定义 items/pipelines 脚本，将数据存储至 CSV 文件与 MySQL 数据库。
（3）创建 spider 爬虫脚本模板。
（4）定义 spider 脚本。
（5）运行爬虫。

7.2.1　创建 Scrapy 爬虫项目

使用 Scrapy 框架进行网页数据爬取的第一步就是启动爬虫，使用 Scrapy 提供的 startprject 命令即可创建一个爬虫项目，其基本语法格式如下。

```
scrapy startproject <project_name> [project_dir]
```

startprject 命令常用的参数及其说明如表 7-3 所示。

在目录"E:\第 7 章\任务程序\code"下，创建一个名为"TipDMSpider"的 Scrapy 爬虫项目，如代码 7-1 所示。

代码 7-1　创建名为"TipDMSpider"的 Scrapy 爬虫项目

```
>>>scrapy startproject TipDMSpider E:\第 7 章\任务程序\code
New     Scrapy     project     'TipDMSpider',     using     template     directory
```

第 7 章 Scrapy 爬虫

```
'D:\\Anaconda3\\lib\\site-packages\\scrapy\\templates\\project', created in:
E:\第 7 章\任务程序\code
you can start your first spider with:
cd E:\第 7 章\任务程序\code
scrapy genspider example example.com
```

表 7-3 startproject 命令常用的参数及其说明

参 数 名 称	说 明
project_name	表示创建的 Scrapy 爬虫项目的名称。指定了参数后会在 project_dir 参数指定的目录下创建一个名为 project_name 的 Scrapy 爬虫项目
project_dir	表示创建 Scrapy 爬虫项目的路目录。指定参数后，project_dir 目录下将会多出一个 project_name 文件夹，整个文件夹统称为一个 Scrapy 爬虫项目，如果不指定则会在当前的工作路径下创建一个名为 project_name 的 Scrapy 爬虫项目

创建完成后，在 "E:\第 7 章\任务程序\code" 下就会生成一个名为 TipDMSpider 的文件夹，其目录结构如图 7-2 所示。

图 7-2 TipDMSpider 爬虫项目的目录结构

图 7-2 中需要用户自定义的目录与脚本文件的名称、作用，如表 7-4 所示。

表 7-4 各目录与脚本文件的名称、作用

目录或文件名	作 用
spiders	创建 Scrapy 项目后自动创建的一个文件夹，用于存放用户编写的爬虫脚本
items.py	表示项目中的 Items。在 items 脚本中定义了一个 Item 类，能够保存爬取到的数据。使用方法和 Python 字典类似,并且提供了额外保护机制来避免拼写错误导致的未定义字段错误
middlewares.py	表示项目中的中间件。在 middlewares 脚本中用户可以根据需要自定义中间件，从而实现代理、浏览器标识等的转换
pipelines.py	表示项目中的 pipelines。在 pipelines 脚本中定义了一个 pipelines 类，主要用于对爬取数据的存储，其可以根据需求将数据保存至数据库、文件等
settings.py	表示项目的设置

7.2.2 修改 items/pipelines 脚本

爬虫的主要目标就是从网页这一非结构化的数据源中提取结构化的数据。TipDMSpider 项目最终的目标是解析出文章的标题（title）、时间（time）、正文（text）、浏览数（view_count）等数据。Scrapy 提供了 Item 对象来完成将解析数据转换为结构化数据的功能。

Item 对象是一种简单的容器，用来保存爬取到的数据，它提供了类似于字典的 API，以及用于声明可用字段的简单语法。Item 可使用简单定义语法及 Field 对象来声明。新建的 TipDMSpider 项目中的 items 脚本模板（如代码 7-2 所示）就是用来定义存储数据的 Item 类的，这个类继承于 scrapy.Item。

代码 7-2　items 脚本模板

```
# -*- coding: utf-8 -*-

# Define here the models for your scraped items
#
# See documentation in:
# https://doc.scrapy.org/en/latest/topics/items.html

import scrapy


class TipdmspiderItem(scrapy.Item):
    # define the fields for your item here like:
    # name = scrapy.Field()
    pass
```

根据 TipDMSpider 项目的目标，对 items 脚本进行定制后，TipdmspiderItem 类如代码 7-3 所示。

代码 7-3　items 脚本的 TipdmspiderItem 类

```
class TipdmspiderItem(scrapy.Item):
    # define the fields for your item here like:
    # name = scrapy.Field()
    title = scrapy.Field()
    text = scrapy.Field()
    time = scrapy.Field()
    view_count = scrapy.Field()
```

如图 7-1 所示，Items 将会流向 Item Pipelines。Item Pipelines 的作用就是将获取到的数据持久化，其主要作用如下。

（1）清理爬取到的数据。

（2）验证爬取数据的合法性，检查 Items 是否包含某些字段。

（3）保存数据至文件或数据库中。

第 7 章　Scrapy 爬虫

值得注意的是，每个 Item Pipelines 都是一个独立的 Python 类，必须实现 process_item 方法。每个 Item Pipelines 组件都需要调用该方法，这个方法必须返回一个 Item 对象，或抛出 DropItem 异常，被丢弃的 Item 将不会被之后的 Pipelines 组件所处理。

在新建的 TipDMSpider 项目中，自动生成的 pipelines 脚本模板如代码 7-4 所示。

代码 7-4　pipelines 脚本模板

```
# -*- coding: utf-8 -*-

# Define your item pipelines here
#
# Don't forget to add your pipeline to the ITEM_PIPELINES setting
# See: https://doc.scrapy.org/en/latest/topics/item-pipeline.html


class TipdmspiderPipeline(object):
    def process_item(self, item, spider):
        return item
```

在代码 7-4 中的 process_item 方法中，除 "self" 参数外，还存在两个参数，这两个参数及其说明如表 7-5 所示。

表 7-5　process_item 方法的参数及其说明

参 数 名 称	说　　明
item	接收 Items。表示爬取的对象的 Items。无默认值
spider	接收 Spider。表示爬取该 Items 的 Spider。无默认值

TipDMSpider 项目提取的信息最终将存储至 CSV 文件与数据库中。使用 pandas 库将 Items 中的数据转换为 DataFrame 会更方便处理。

pandas 库的 DataFrame 函数的基本语法格式如下。

```
class  pandas.DataFrame(data=None, index=None, columns=None, dtype=None, copy=False)
```

DataFrame 函数常用的参数及其说明如表 7-6 所示。

表 7-6　DataFrame 函数常用的参数及其说明

参 数 名 称	说　　明
data	接收 ndarray、dict。表示 DataFrame 的数据。当取值为 dict 时，该 dict 的值不能包含 series、arrays、constants，或类似 list 的对象。无默认值
index	接收 index、array。表示行索引。无默认值
columns	接收 index、array。表示列索引。无默认值
dtype	接收 dtype。表示强制转换后的类型，仅支持单独一种转换。默认为 None

转换为 DataFrame 后即可使用 to_csv 方法轻松地将数据存储至 CSV 文件中。to_csv 方法的基本语法格式如下。

```
DataFrame.to_csv(path_or_buf=None, sep=',', na_rep='', columns=None, header=True, index=True,index_label=None,mode='w',encoding=None)
```

to_csv 方法常用的参数及其说明如表 7-7 所示。

表 7-7　to_csv 方法常用的参数及其说明

参数名称	说明
path_or_buf	接收 str。表示文件路径。无默认值
sep	接收 str。表示分隔符。默认为 ","
na_rep	接收 str。表示缺失值。默认为 ""
columns	接收 list。表示写出的列名。默认为 None
header	接收 boolearn，表示是否将列名写出。默认为 True
index	接收 boolearn，表示是否将行名（索引）写出。默认为 True
index_labels	接收 sequence。表示索引名。默认为 None
mode	接收特定 str。表示数据写入模式。默认为 w
encoding	接收特定 str。表示存储文件的编码格式。默认为 None

使用 to_sql 方法能够轻松地将数据存储至数据库中，其基本语法格式如下。

```
DataFrame.to_sql(name, con, schema=None, if_exists='fail', index=True, index_label=None, dtype=None)
```

to_sql 方法常用的参数及其说明如表 7-8 所示。

表 7-8　to_sql 方法常用的参数及其说明

参数名称	说明
name	接收 str。代表数据库表名。无默认值
con	接收数据库连接。无默认值
if_exists	接收 fail、replace、append。fail 表示如果表名存在，则不执行写入操作；replace 表示如果表名存在，则将原数据库表删除，再重新创建；append 表示在原数据库表的基础上追加数据。默认为 fail
index	接收 bool。表示是否将行索引作为数据传入数据库。默认 True
index_label	接收 str 或 sequence。表示是否引用索引名称，若 index 参数为 True，此参数为 None，则使用默认名称。若为多重索引，则必须使用数列形式。默认为 None
dtype	接收 dict。表示写入的数据类型（列名为 key，数据格式为 values）。默认为 None

需要注意的是，对数据库进行操作需要使用数据连接相关的工具，在第 3 章中介绍了使用 PyMySQL 库操作数据库，但是 to_sql 方法需要配合 sqlalchemy 库的 create_engine 函

第 7 章 Scrapy 爬虫

数才能顺利使用。creat_engine 函数可用于创建一个数据库连接，其主要参数是一个连接字符串，其中，MySQL 和 Oracle 数据库的连接字符串的格式如下。

数据库产品名+连接工具名：//用户名:密码@数据库 IP 地址:数据库端口号/数据库名称? charset = 数据库数据编码

配合 pandas 库，定义 pipelines 脚本，具体代码如代码 7-5 所示。

代码 7-5 定义 pipelines 脚本

```
# -*- coding: utf-8 -*-

# Define your item pipelines here
#
# Don't forget to add your pipeline to the ITEM_PIPELINES setting
# See: https://doc.scrapy.org/en/latest/topics/item-pipeline.html
import pandas as pd
from sqlalchemy import create_engine

class TipdmspiderPipeline(object):
    def __init__(self):
        self.engine = create_engine('mysql+pymysql://root:335210@127.0.0.1:3306/tipdm')
    def process_item(self, item, spider):
        data = pd.DataFrame(dict(item))
        data.to_sql('tipdm_data',self.engine,if_exists='append',index=False)
        data.to_csv('TipDM_data.csv',mode='a+',index=False,            sep='|',header=False)
```

7.2.3 编写 spider 脚本

创建 TipDMSpider 项目后，爬虫模块的代码都放置于 spiders 目录中。创建之初，spiders 目录下仅有一个"__init__.py"文件，并无其他文件，对于初学者而言极有可能无从下手。使用 genspider 命令，可以解决这一问题，其基本语法格式如下。

```
scrapy genspider [-t template] <name> <domain>
```

genspider 命令常用的参数及其说明如表 7-9 所示。

表 7-9 genspider 命令常用的参数及其说明

参数名称	说明
name	表示创建的爬虫的名称。指定了 name 参数后会在 spiders 目录下创建一个名为该参数的 spider 爬虫脚本模板
template	表示创建模板的类型。可产生不同的模板类型
domain	表示爬虫的域名称。domain 用于生成脚本中的 allowed_domains 和 start_urls

使用 cd 命令进入 Scrapy 爬虫项目目录后,运行"scrapy genspider tipdm www.tipdm.com"命令即可创建一个 spider 脚本模板,如代码 7-6 所示。

代码 7-6　创建 spider 脚本模板

```
>>> E:
>>> cd E:/第7章/任务程序/code/TipDMSpider
>>> scrapy genspider tipdm www.tipdm.com
Created spider 'tipdm' using template basic in module:
  TipDMSpider.spiders.tipdm
```

spider 脚本模板创建后,在 spiders 目录下会生成一个脚本模板,其代码如代码 7-7 所示。

代码 7-7　生成的 spider 脚本模板

```
# -*- coding: utf-8 -*-
import scrapy


class TipdmSpider(scrapy.Spider):
    name = 'tipdm'
    allowed_domains = ['www.tipdm.com']
    start_urls = ['http://www.tipdm.com/']

    def parse(self, response):
        pass
```

在代码 7-7 中,"allowed_domains"变量存放了爬取域的列表,在使用 genspider 命令创建模板时,根据填写的"domains"参数会自动添加一个域,若有其他的域,也可以在脚本中添加;"start_urls"变量存放了初始爬取网页的列表,可以根据需要在脚本中编辑或添加,为爬取网站"http://www.tipdm.com"中的"泰迪动态",需将"start_urls"变量中的网址修改为"http://www.tipdm.com/tipdm/tddt/"。

此时,一个爬虫模块的基本结构已经搭好,其功能类似于网页下载。在 TipDMSpider 项目目录下运行 crawl 命令即可启动爬虫,crawl 命令的基本语法格式如下。

```
scrapy crawl <spider>
```

参数"spider"表示 spider 爬虫的名称,即代码 7-7 中的"name"变量的值。运行"scrapy crawl tipdm"命令后其结果如代码 7-8 所示。

代码 7-8　运行"scrapy crawl tipdm"命令后的结果

```
>>> scrapy crawl tipdm
2018-06-05 10:11:52 [scrapy.utils.log] INFO: Scrapy 1.5.0 started (bot:
TipDMSpider)
2018-06-05 10:11:52 [scrapy.utils.log] INFO: Versions: lxml 4.1.1.0, libxml2
2.9.8, cssselect 1.0.3, parsel 1.4.0, w3lib 1.19.0, Twisted 17.5.0, Python 3.6.4
```

第 7 章　Scrapy 爬虫

```
|Anaconda, Inc.| (default, Jan 16 2018, 10:22:32) [MSC v.1900 64 bit (AMD64)],
pyOpenSSL 17.5.0 (OpenSSL 1.0.2n  7 Dec 2017), cryptography 2.1.4, Platform
Windows-10-10.0.17134-SP0
2018-06-05 10:11:52 [scrapy.crawler] INFO: Overridden settings: {'BOT_NAME':
'TipDMSpider', 'NEWSPIDER_MODULE': 'TipDMSpider.spiders', 'ROBOTSTXT_OBEY':
True, 'SPIDER_MODULES': ['TipDMSpider.spiders']}
2018-06-05 10:11:52 [scrapy.middleware] INFO: Enabled extensions:
……
2018-06-05 10:12:03 [scrapy.core.engine] INFO: Spider closed (finished)
```
注：由于输出结果太长，此处部分结果已省略。

parse 方法负责解析返回的数据并提取数据，以及生成需要进一步处理的 URL 的 Reponse 对象。在此之前，需要根据爬取目标设计网页爬取的逻辑。本次爬取的目标是网站"http://www.tipdm.com"中的"泰迪动态"栏目中所有的信息。根据这一目标，爬取的逻辑顺序如图 7-3 所示。

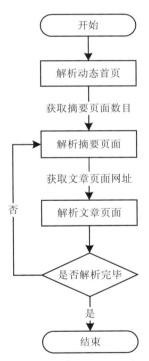

图 7-3　"泰迪动态"网页爬取流程图

在 TipDMSpider 类的 prase 方法中，其中一个参数是 response，对传入的响应直接使用 XPath 和 CSS 方法即可根据对应的规则解析网页。在 TipDMSpider 项目中使用 XPath 进行网页解析，首先需要分析摘要网页网址的规律。通过规律能够较快获得所有的摘要网页的网址，从图 7-4 所示的网页源代码可以看出，从第 2 页开始,网页的 URL 发生改变的是 index 与 html 之间的网页编号，例如，第 2 页的网页 URL 后面部分是 index_2.html，第 3 页则是 index_3.html。故只需获得总共的网页数目，就可以知道所有摘要网页的网址。

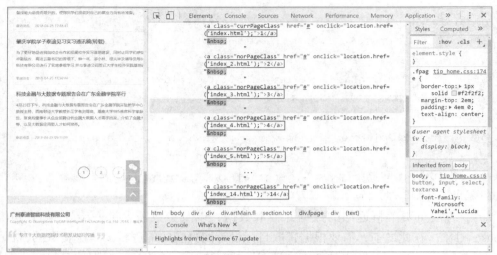

图 7-4 "泰迪动态"摘要网页 URL 规律

获得"泰迪动态"网页数目所在的节点信息的 XPath 为 "//div[@class='fpage']/div/a[last()]/text()",同时由于第 1 页网址与其他页规则不同,需要手动添加。最终 prase 方法的代码如代码 7-9 所示。

代码 7-9 获得网页数目的 parse 方法

```
def parse(self, response):
    # 网页解析
    last_page_num = response.xpath("//div[@class='fpage']/div/a[last()]/text()").extract()
    # 网址拼接
    append_urls = ['http://www.tipdm.com/tipdm/tddt/index_%d.html'%i \
    for i in range(2,int(last_page_num[0])+1)]
    append_urls.append('http://www.tipdm.com/tipdm/tddt')
    # 回调
    for url in append_urls:
        yield Request(url, callback=self.parse_url, dont_filter=True)
```

由于 prase 方法默认响应 start_urls 中的网址,同时不同网页需要解析的内容也不同,所以后续的解析需要通过调用其他方法来实现,代码 7-9 中的最后一行使用了 Scrapy 的 http 模块下的 Request 函数用于回调。Request 函数的基本语法格式如下。

```
class scrapy.http.Request(url[, callback, method='GET', headers, body, cookies, meta, encoding='utf-8', priority=0, dont_filter=False, errback, flags])
```

Request 函数常用的参数及其说明如表 7-10 所示。

表 7-10 Request 函数常用的参数及其说明

参数名称	说明
url	接收 str。表示用于请求的网址。无默认值

第 7 章　Scrapy 爬虫

续表

参 数 名 称	说　　明
callback	接收同一个对象中的方法。表示用于回调的方法，未指定则继续使用 prase 方法。无默认值
method	接收 str。表示请求的方式。默认为 "GET"
headers	接收 str、dict、list。表示请求的头信息，str 表示单个头信息，list 则表示多个头信息，如果为 None，那么将不发送 HTTP 请求头信息。无默认值
meta	接收 dict。表示 Request.meta 属性的初始值。如果给了该参数，dict 将会浅复制。无默认值
cookies	接收 list、dict。表示请求的 Cookies。无默认值

　　Request 函数回调的方法的作用是获取所有文章网页网址，分析网页源代码可以获取所有文章网页网址的 XPath，即 "//div[@class='item clearfix']/div[1]/h1/a/@href"，同时需要注意获取的网页网址并非一个完整的网址，还需要将每个网址补充完整。根据上述信息，获取文章网页网址方法的代码如代码 7-10 所示。

代码 7-10　获得文章网页网址的 parse_url 方法

```
def parse_url(self, response):
    # 网页解析
    urls = response.xpath("//div[@class='item clearfix']/div[1]/h1/a/@href").extract()
    # 回调
    for page_url in urls:
        text_url = "http://www.tipdm.com"+page_url
        yield Request(text_url, callback=self.parse_text, dont_filter=True)
```

　　TipDMSpider 项目的最终目标是获取文章的标题、时间、正文、浏览数，在获取了文章的路径之后，对文章网页进行解析即可得到对应的内容。解析文章相关信息的 XPath 如表 7-11 所示。

表 7-11　解析文章相关信息的 XPath

信 息 名 称	XPath
标题（title）	//div[@class='artTitle']/h1/text()
日期（time）	//span[@class='date']/text()
正文（text）	//div[@class='artCon']//p/text()
浏览数（view_count）	//span[@class='view']/text()

　　如果正文存在分段的现象，则在解析的过程中会将不同的段落放在同一个 list 中，为了保证存储方便，需要将 list 中的信息进行合并。同时，需要将所有解析出来的信息均存放至 item 中，代码如代码 7-11 所示。

代码 7-11   解析文章网址的 parse_text 方法

```
def parse_text(self,response):
    item = TipdmspiderItem()
    item['title'] = response.xpath("//div[@class='artTitle']/h1/text()").extract()
    text = response.xpath("//div[@class='artCon']//p/text()").extract()
    texts = " "
    for strings in text:
        texts = texts + strings + " \n"
    item['text'] = [texts.strip()]
    item['time']     =     response.xpath("//span[@class='date']/text()").extract()
    item['view_count'] = response.xpath("//span[@class='view']/text()").extract()
    yield item
```

至此，TipDMSpider 项目的 spider 脚本就已经基本编写完成，但需要注意，由于在 prase、parse_url 两个方法中调用了 Request 类，在 parse_text 方法中调用了 item，所以需要在创建的 spider 脚本最前端加入导入 Request 和 TipDMSpider 项目构建的 Item 类，完成添加后的 spider 脚本的所有导入函数与类的语句，如代码 7-12 所示。

代码 7-12   spider 脚本与导入函数与类相关的语句

```
# -*- coding: utf-8 -*-
import scrapy
from scrapy.http import Request
from TipDMSpider.items import TipdmspiderItem
```

7.2.4 修改 settings 脚本

Scrapy 设置允许自定义所有 Scrapy 组件，包括核心、扩展、管道和爬虫本身。设置的基础结构可提供键值映射的全局命名空间，代码可以使用它从中提取配置值。用户可以通过不同的机制来填充设置，这些设置也是选择当前活动的 Scrapy 项目的机制之一。

在 TipDMSpider 项目的默认 settings 脚本中共有 25 个设置，每个设置的详细情况如表 7-12 所示。

表 7-12   TipDMSpider 项目的默认 settings 脚本说明

设 置 名 称	说　　明
BOT_NAME	此 Scrapy 项目实施的 bot 的名称（也称为项目名称）。用于默认情况下构造 User-Agent，也用于日志记录。默认为项目名称
SPIDER_MODULES	Scrapy 将使用的 Spiders 列表。默认为 Spiders 项目目录，可存在多个目录

第 7 章 Scrapy 爬虫

续表

设 置 名 称	说　　明
NEWSPIDER_MODULE	新的 Spider 位置。默认为 Spiders 项目目录，仅接收 str
ROBOTSTXT_OBEY	是否启用 robot.txt 政策。默认为 True
CONCURRENT_REQUESTS	Scrapy 下载程序执行的并发（即同时）请求的最大数量。默认为 16
DOWNLOAD_DELAY	下载器在从同一网站下载连续网页之前应等待的时间，主要用于限制爬取的速度。默认为 3
CONCURRENT_REQUESTS_PER_DOMAIN	任何单个域执行的并发（同时）请求的最大数量。默认为 16
CONCURRENT_REQUESTS_PER_IP	单个 IP 执行的并发（即同时）请求的最大数量。如果非零，则忽略 CONCURRENT_REQUESTS_PER_DOMAIN 设置，而改为使用此设置，表示并发限制将应用于每个 IP，而不是每个域。默认为 16
COOKIES_ENABLED	是否启用 Cookie 中间件，如果禁用，则不会将 Cookie 发送至 Web 服务器。默认为 True
TELNETCONSOLE_ENABLED	是否启用 telnet 控制台。默认为 True
DEFAULT_REQUEST_HEADERS	用于 Scrapy 的 HTTP 请求的默认标头。默认为 {'Accept':'text/html,application/xhtml+xml,application/xml;q=0.9,*/*;q=0.8' ,'Accept-Language': 'en',}
SPIDER_MIDDLEWARES	项目中启用的 Spider 中间件的字典及其顺序。默认为 {}
DOWNLOADER_MIDDLEWARES	项目中启用的下载器中间件的字典及其顺序。默认为 {}
EXTENSIONS	项目中启用的扩展名及其顺序的字典。默认为 {}
ITEM_PIPELINES	使用的项目管道及其顺序的字典。默认为 {}
AUTOTHROTTLE_ENABLED	是否启用 AutoThrottle 扩展。默认为 False
AUTOTHROTTLE_START_DELAY	最初的下载延迟（以秒为单位）。默认为 5.0
AUTOTHROTTLE_MAX_DELAY	在高延迟情况下设置的最大下载延迟（以秒为单位）。默认为 60.0
AUTOTHROTTLE_TARGET_CONCURRENCY	Scrapy 应平行发送到远程网站的平均请求数量。默认为 1.0
AUTOTHROTTLE_DEBUG	是否启用 AutoThrottle 调试模式，该模式将显示收到的每个响应的统计数据，以便用户实时调整调节参数。默认为 False

续表

设置名称	说明
HTTPCACHE_ENABLED	是否启用 HTTP 缓存。默认为 False
HTTPCACHE_EXPIRATION_SECS	缓存请求的到期时间，以秒为单位。默认为 0
HTTPCACHE_DIR	用于存储（低级别）HTTP 缓存的目录，如果为空，则 HTTP 缓存将被禁用，提供的应该是基于 Scrapy 目录的相对路径
HTTPCACHE_IGNORE_HTTP_CODES	禁用缓存列表中的 HTTP 代码响应。默认为[ ]
HTTPCACHE_STORAGE	实现高速缓存存储后端的类。默认为"crapy.extensions.httpcache.FilesystemCacheStorage"

TipDMSpider 项目中需要修改的 settings 分别为 ROBOTSTXT_OBEY、DOWNLOAD_DELAY、ITEM_PIPELINES、HTTPCACHE_ENABLED、HTTPCACHE_DIR。删除原来未注释的设置 ROBOTSTXT_OBEY，在末尾添加设置语句的代码如代码 7-13 所示。

代码 7-13　TipDMSpider 项目 settings 脚本追加设置

```
ROBOTSTXT_OBEY = False
DOWNLOAD_DELAY = 5
ITEM_PIPELINES = {
    'TipDMSpider.pipelines.TipdmspiderPipeline': 300,
}
HTTPCACHE_ENABLED = True
HTTPCACHE_DIR = 'E:/第 7 章/任务程序/tmp'
```

此时，TipDMSpider 项目的脚本定制工作就已经基本完成，可以使用 Scrapy 命令行工具的 crawl 命令运行该项目，如代码 7-14 所示。

代码 7-14　运行 TipDMSpider 项目

```
>>> scrapy crawl tipdm
2018-06-05 10:31:10 [scrapy.utils.log] INFO: Scrapy 1.5.0 started (bot: TipDMSpider)
2018-06-05 10:31:10 [scrapy.utils.log] INFO: Versions: lxml 4.1.1.0, libxml2 2.9.8, cssselect 1.0.3, parsel 1.4.0, w3lib 1.19.0, Twisted 17.5.0, Python 3.6.4 |Anaconda, Inc.| (default, Jan 16 2018, 10:22:32) [MSC v.1900 64 bit (AMD64)], pyOpenSSL 17.5.0 (OpenSSL 1.0.2n  7 Dec 2017), cryptography 2.1.4, Platform Windows-10-10.0.17134-SP0
2018-06-05 10:31:10 [scrapy.crawler] INFO: Overridden settings: {'BOT_NAME': 'TipDMSpider', 'DOWNLOAD_DELAY': 5, 'HTTPCACHE_DIR': 'E:/第 7 章/任务程序/tmp', 'HTTPCACHE_ENABLED': True, 'NEWSPIDER_MODULE': 'TipDMSpider.spiders', 'SPIDER_MODULES': ['TipDMSpider.spiders']}
```

第 7 章 Scrapy 爬虫

```
2018-06-05 10:31:10 [scrapy.middleware] INFO: Enabled extensions:
……
2018-06-05 10:31:10 [scrapy.middleware] INFO: Enabled spider middlewares:
……
2018-06-05 10:31:12 [scrapy.middleware] INFO: Enabled item pipelines:
……
2018-06-05 10:31:12 [scrapy.core.engine] INFO: Spider opened
2018-06-05 10:31:12 [scrapy.extensions.logstats] INFO: Crawled 0 pages (at 0 pages/min), scraped 0 items (at 0 items/min)
2018-06-05 10:31:12 [scrapy.extensions.httpcache] DEBUG: Using filesystem cache storage in E:/第 7 章/任务程序/tmp
2018-06-05 10:31:12 [scrapy.extensions.telnet] DEBUG: Telnet console listening on 127.0.0.1:6023
2018-06-05 10:31:16 [scrapy.core.engine] DEBUG: Crawled (200) <GET http://www.tipdm.com/tipdm/tddt/> (referer: None) ['cached']
……
```

注：由于输出结果太长，此处部分结果已省略。

通过代码 7-14 的结果可以发现，开始的时间为 10:31:10，且 items、settings 脚本中的部分信息均出现在命令行中。由于在修改 TipDMSpider 项目的 settings 脚本时，为了减轻 Web 服务器的负担，设置的爬取间隔是 5 秒，所以爬取时间会相对较久，最终完成结果如代码 7-15 所示。

代码 7-15 运行 TipDMSpider 项目的结果

```
……
None
2018-06-05 10:43:48 [scrapy.core.engine] INFO: Closing spider (finished)
2018-06-05 10:43:48 [scrapy.statscollectors] INFO: Dumping Scrapy stats:
{'downloader/request_bytes': 45713,
 'downloader/request_count': 156,
 'downloader/request_method_count/GET': 156,
 'downloader/response_bytes': 2456960,
 'downloader/response_count': 156,
 'downloader/response_status_count/200': 155,
 'downloader/response_status_count/302': 1,
 'finish_reason': 'finished',
 'finish_time': datetime.datetime(2018, 6, 5, 2, 43, 48, 520740),
 'httpcache/hit': 156,
 'item_scraped_count': 140,
 'log_count/DEBUG': 298,
 'log_count/INFO': 10,
```

```
'request_depth_max': 2,
'response_received_count': 155,
'scheduler/dequeued': 156,
'scheduler/dequeued/memory': 156,
'scheduler/enqueued': 156,
'scheduler/enqueued/memory': 156,
'start_time': datetime.datetime(2018, 6, 5, 2, 31, 12, 65904)}
2018-06-05 10:43:48 [scrapy.core.engine] INFO: Spider closed (finished)
```
注:由于输出结果太长,此处部分结果已省略。

代码 7-15 中记录了 TipDMSpider 项目在运行过程中的请求字节数(request_bytes)、请求次数(request_count)、响应字节数(response_bytes)、响应次数(response_count)、完成时间(finish_time)、最大请求深度(request_depth_max)、开始时间(start_time)等信息,通过这些信息能够了解项目运行的整体情况,及时发现项目中存在的问题。

任务 7.3 定制中间件

任务描述

中间件分为下载器中间件和 Spider 中间件,定制下载器中间件能够实现 IP 代理,改变下载频率等,定制 Spider 中间件能够限制最大爬取深度,筛选未成功响应等。针对 TipDMSpider 项目定制合适的中间件。

任务分析

(1)创建中间件脚本。
(2)激活中间件。

7.3.1 定制下载器中间件

1. 编写下载器中间件脚本

每个中间件组件都是一个 Python 类,下载器中间件定义了 process_request、process_response、process_exception 中的一种或多种方法。

process_request 方法将会被所有通过下载器中间件的每一个请求调用。它具有 request 和 spider 两个参数,这两个参数的说明如表 7-13 所示。

表 7-13 process_request 方法的参数说明

参 数 名 称	说　　明
request	接收 request。表示被处理的请求。无默认值
spider	接收 Spiders。表示上述请求对应的 Spiders。无默认值

process_request 方法的返回值有 4 种,每种返回值的说明如表 7-14 所示。

表 7-14　process_request 返回值的说明

返回值类型	说　明
None	Scrapy 将继续处理该请求，执行其他中间件的相应方法，直到合适的下载器处理函数被调用，该请求才被执行
Response	Scrapy 不会调用其他的 process_request、process_exception 方法，或相应的下载方法，而将返回该响应。已安装的中间件的 process_response 方法则会在每个响应返回时被调用
Request	Scrapy 停止调用 process_request 方法并重新调度返回的请求
Raise IgnoreRequest	下载器中间件的 process_exeption 方法会被调用。如果没有任何一个方法处理该返回值，那么 Request 的 errback 方法会被调用。如果没有代码处理抛出的异常，那么该异常将被忽略且无记录

下载器中间件常用于防止爬虫被网站的反爬虫规则所识别。通常绕过这些规则的常见方法如下。

（1）动态设置 User-Agent，随机切换 User-Agent，模拟不同用户的浏览器信息。

（2）禁用 Cookies，也就是不启用 CookiesMiddleware，不向 Server 发送 Cookies。有些网站通过 Cookie 的使用来发现爬虫行为。可以通过 COOKIES_ENABLED 控制 CookiesMiddleware 的开启和关闭。

（3）设置延迟下载，防止访问过于频繁，设置延迟时间为 2 秒或更高。可以通过 DOWNLOAD_DELAY 控制下载频率。

（4）使用谷歌／百度等搜索引擎服务器网页缓存获取的网页数据。

（5）使用 IP 地址池，现在大部分网站都是根据 IP 地址来判断是否为同一访问者的。

（6）使用 Crawlera（专用于爬虫的代理组件），正确配置和下载器中间件后，项目所有的 request 都可通过 Crawlera 发出。

从实现难度上看，比较容易实现的方法是（1）、（2）、（3）、（5），其中，（2）与（3）通过修改 settings 脚本就可以实现，另外两种则是使用 process_request 方法进行随机选择访问网页的 User-Agent 与随机切换访问 IP 地址来实现的。在 TipDMSpider 项目的 middlewares 脚本下创建下载器中间件，实现（1）、（5）两种方法的代码如代码 7-16 所示。

代码 7-16　下载器中间件代码

```
# -*- coding: utf-8 -*-
import random
import base64

# 随机的 User-Agent
class RandomUserAgent(object):

    user_agent_list = [
```

```
        "Mozilla/5.0 (Macintosh; Intel Mac OS X 10_10_1) AppleWebKit/537.36\
(KHTML, like Gecko) Chrome/41.0.2227.1 Safari/537.36",
        "User-Agent:Mozilla/5.0 (Macintosh; U; Intel Mac OS X 10_6_8; en-us)\
AppleWebKit/534.50 (KHTML, like Gecko) Version/5.1 Safari/534.50",
        "Mozilla/5.0 (Macintosh; Intel Mac OS X 10_8_2) AppleWebKit/537.13\
KHTML, like Gecko) Chrome/24.0.1290.1 Safari/537.13",
        "Mozilla/5.0(compatible;MSIE9.0;WindowsNT6.1;Trident/5.0",
        "Mozilla/5.0(Macintosh;IntelMacOSX10.6;rv:2.0.1)Gecko/
20100101Firefox/4.0.1",
        "Mozilla/5.0(WindowsNT6.1;rv:2.0.1)Gecko/20100101Firefox/4.0.1",
        "Mozilla/5.0 (compatible; MSIE 10.0; Windows NT 6.2; ARM; Trident/6.0)"
    ]
    def process_request(self, request, spider):
        useragent = random.choice(user_agent_list)
        request.headers.setdefault("User-Agent", useragent)


class RandomProxy(object):

    PROXIES = [
        {'ip_port': '111.8.60.9:8123', 'user_passwd': 'user1:pass1'},
        {'ip_port': '101.71.27.120:80', 'user_passwd': 'user2:pass2'},
        {'ip_port': '122.96.59.104:80', 'user_passwd': 'user3:pass3'},
        {'ip_port': '122.224.249.122:8088', 'user_passwd': 'user4:pass4'}
]

    def process_request(self, request, spider):
        if proxy['user_passwd'] is None:
            # 没有代理账户验证的代理使用方式
            request.meta['proxy'] = "http://" + proxy['ip_port']
        else:
            # 对账户密码进行base64编码转换
            base64_userpasswd = base64.b64encode(proxy['user_passwd'])
            # 对应到代理服务器的信令格式里
            request.headers['Proxy-Authorization'] = 'Basic ' + base64_userpasswd
            request.meta['proxy'] = "http://" + proxy['ip_port']
```

除了定制的下载器中间件外,在 Scrapy 框架中已经默认提供并开启了众多下载器中间件,内置的下载器中间件设置 DOWNLOADER_MIDDLEWARES_BASE 中的各中间件说明及其顺序如表 7-15 所示。

第 7 章　Scrapy 爬虫

表 7-15　Scrapy 内置的下载器中间件

中间件名称	说　明	顺　序
CookiesMiddleware	该中间件使得爬取需要 Cookie（如使用 session）的网站成为可能。其追踪了 Web server 发送的 Cookie，并在之后的请求中将其发送回去，就如浏览器所做的那样	900
DefaultHeadersMiddleware	该中间件设置 DEFAULT_REQUEST_HEADERS 指定的默认 request header	550
DownloadTimeoutMiddleware	该中间件设置 DOWNLOAD_TIMEOUT 指定的 request 下载超时时间	350
HttpAuthMiddleware	该中间件完成某些使用 HTTP 认证的 Spiders 生成的请求的认证过程	300
HttpCacheMiddleware	该中间件为所有 HTTP request 及 response 提供了底层（low-level）缓存支持，由 cache 存储后端及 cache 策略组成	900
HttpCompressionMiddleware	该中间件允许从网站接收和发送压缩（gzip、deflate）数据	590
HttpProxyMiddleware	该中间件提供了对 request 设置 HTTP 代理的支持。用户可以通过在 Request 对象中设置 proxy 元数据来开启代理	750
RedirectMiddleware	该中间件根据响应状态处理重定向的请求	600
MetaRefreshMiddleware	该中间件根据 meta-refresh html 标签处理请求的重定向	580
RetryMiddleware	该中间件将重试可能由于临时的问题（如连接超时或 HTTP 500 错误）而失败的网页	500
RobotsTxtMiddleware	该中间件过滤所有 robots.txt eclusion standard 中禁止的请求	100
DownloaderStats	保存所有通过的 request、response 及 exception 的中间件	850
UserAgentMiddleware	用于指定 Spiders 的默认 User-Agent 的中间件	400

2．激活中间件

激活下载器中间件组件，需要将其加入到 settings 脚本下的 DOWNLOADER_MIDDLEWARES 设置中。这个设置是一个字典（dict），键为中间件类的路径，值为其中间件的顺序（order），同时会根据顺序值进行排序，最后得到启用中间件的有序列表，即第一个中间件最靠近引擎，最后一个中间件最靠近下载器。激活 TipDMSpider 项目的 middlewares 目录下创建的下载器中间件的具体代码如代码 7-17 所示。

代码 7-17　激活中间件的代码（在 settings 脚本中追加）

```
DOWNLOADER_MIDDLEWARES = {
    'TipDMSpider.middlewares.DownloaderMiddleware': 310,
}
```

在 settings 脚本中，对 DOWNLOADER_MIDDLEWARES 设置进行修改后，会与 Scrapy

内置的下载器中间件设置 DOWNLOADER_MIDDLEWARES_BASE 合并，但并不会覆盖。若要取消 Scrapy 默认在 DOWNLOADER_MIDDLEWARES_BASE 中打开的下载器中间件，可在 DOWNLOADER_MIDDLEWARES 中将该中间件的值设置为 0。如果需要关闭 RobotsTxtMiddleware，那么需要在 DOWNLOADER_MIDDLEWARES 设置中将该中间件的值设置为 0，代码如代码 7-18 所示。

代码 7-18　关闭内置下载器中间件 RobotsTxtMiddleware

```
DOWNLOADER_MIDDLEWARES = {
'TipDMSpider.middlewares.DownloaderMiddleware': 310,
'scrapy.downloadermiddlewares.robotstxt.RobotsTxtMiddleware':0,
}
```

7.3.2　定制 Spider 中间件

1. Scrapy 自带的 Spider 中间件

Spider 中间件是介入到 Scrapy 中的 Spiders 处理机制的钩子框架，可以在其中插入自定义功能来处理发送给 Spiders 的响应，以及 Spiders 产生的 Items 和请求。

Spider 中间件定义了 process_spider_input、process_spider_output、process_spider_exception、process_start_requests 中的一种或多种方法。根据 Spider 中间件的功能不同，需要用到的方法也不同，很多时候，Scrapy 默认提供并开启的 Spider 中间件就已经能够满足多数需求。内置的下载器中间件设置 SPIDER_MIDDLEWARES_BASE 中的各中间件说明及其顺序如表 7-16 所示。

表 7-16　Scrapy 内置的 Spider 中间件

中间件名称	说　　明	顺　序
DepthMiddleware	用于跟踪被抓取站点内每个请求的深度。这个中间件能够用于限制爬取的最大深度，同时还能以深度控制爬取优先级	900
HttpErrorMiddleware	筛选出未成功的 HTTP 响应，可以让 Spider 不必处理这些响应，减少性能开销、资源消耗，降低逻辑复杂度	50
OffsiteMiddleware	过滤 Spider 允许域外的 URL 请求，同时允许域清单的子域也被允许通过	500
RefererMiddleware	根据生成响应的 URL 填充请求的 referer 头信息	700
UrlLengthMiddleware	筛选出 URL 长度超过 URLLENGTH_LIMIT 的请求	800

2. 激活 Spider 中间件

激活 Spider 中间件组件与激活下载器中间件的方法基本相同，需要将定制的 Spider 中间件加入到 settings 脚本下的 SPIDER_MIDDLEWARES 设置中。这个设置是一个字典（dict），键为中间件类的路径，值为其中间件的顺序（order），同时会根据顺序值进行排序，最后得到启用中间件的有序列表，即第一个中间件最靠近引擎，最后一个中间件最靠近 Spiders。

第 7 章　Scrapy 爬虫

另外，针对 Spider 中间件，Scrapy 同样内置了中间件配置 SPIDER_MIDDLEWARES_BASE，该设置也不能覆盖，在启用时还是会结合 SPIDER_MIDDLEWARES 设置。若要取消 Scrapy 默认在 SPIDER_MIDDLEWARES_BASE 中打开的 Spider 中间件，同样需要在 SPIDER_MIDDLEWARES 设置中将中间件的值设置为 0，代码如代码 7-19 所示。

代码 7-19　停用 RefererMiddleware 中间件代码（在 settings 脚本中追加）

```
SPIDER_MIDDLEWARES =
{
    'scrapy.spidermiddlewares.referer.RefererMiddleware': 0,
}
```

小结

本章以 Scrapy 框架爬取网站"http://www.tipdm.com"中的"泰迪动态"为线索，主要介绍了以下内容。

（1）Scrapy 的数据流向、框架，以及框架各组成部分的作用。
（2）Scrapy 的常用命令及其作用。
（3）创建 Scrapy 爬虫项目，创建脚本模板的方法。
（4）根据项目最终目标修改 items/pipelines 脚本。
（5）编写 spider 脚本，解析网页。
（6）修改 settings 脚本，实现下载延迟设置等。
（7）定制下载器中间件，实现随机选择访问 User_Agent 与 IP 地址。
（8）打开与关闭 Scrapy 提供的 Spider 中间件。

实训

实训 1　爬取 "http://www.tipdm.org" 的所有新闻动态

1. 训练要点

（1）掌握创建 Scrapy 爬虫项目的方法。
（2）掌握创建 spider 脚本模板的方法。
（3）掌握定义 items/pipelines 脚本的方法。
（4）掌握数据写入 CSV 文件与数据库的方法。
（5）掌握 spider 脚本的编写规则与方法。
（6）掌握常见设置的取值与修改 settings 脚本的方法。

2. 需求说明

熟练运用 Scrapy 框架快速构建起高效的爬虫应用。使用 Scrapy 框架爬取网站"http://www.tipdm.org"，能够熟练使用 Scrapy 的常用命令，掌握修改 items、pipelines、settings 脚本，编写 spider 脚本的基本规则与技巧。

3．实现思路及步骤

（1）打开命令行/控制台，进入提前创建好的用于存放爬虫项目的目录。

（2）运行"scrapy startproject BdRaceNews"命令。

（3）修改 items 脚本，添加 title、text、time 和 view_counts。

（4）修改 pipelines 脚本，将数据最终输出至 CSV 文件与 MySQL 数据库。

（5）进入刚刚创建的项目目录./BdRaceNews，运行"scrapy genspider bdrace www.tipdm.org"命令创建 spider 脚本模板。

（6）编写 spider 脚本，使其能够实现所有新闻动态网页网址的获取，以及每个网页的标题（title）、正文（text）、时间（time）、浏览数（view_counts）的提取。

（7）通过修改 settings 脚本实现使网页延迟 5 秒与使用 HTTP 缓存。

实训 2　定制 BdRaceNews 爬虫项目的中间件

1．训练要点

（1）掌握创建下载器中间件的方法。

（2）掌握关闭 Scrapy 提供且默认开启的中间件的方法。

（3）掌握激活中间件的方法。

2．需求说明

Scrapy 框架提供的下载器中间件与 Spider 中间件进一步扩展与提升了 Scrapy 的可用度与自由度。掌握中间件的用法，能够让用户更加深刻地理解 Scrapy 框架的结构和数据流向，也能够帮助用户创建功能更加强大的爬虫应用。

3．实现思路及步骤

（1）创建 middlewares 文件夹。

（2）在 middlewares 文件夹中创建 bdracenewsmiddlewares.py 文件。

（3）编辑 bdracenewsmiddlewares.py，添加随机选择的 User-Agent 的代码。

（4）编辑 settings 脚本，激活创建的中间件。

（5）编辑 settings 脚本，关闭 RobotsTxtMiddleware 下载器中间件。

（6）编辑 settings 脚本，关闭 UrlLengthMiddleware Spider 中间件。

课后习题

1．选择题

（1）下列不属于 Scrapy 框架的基本组成部分的是（　　）。

  A．引擎与调度器　　　　　　　B．下载器与 Spiders

  C．Item Pipelines　　　　　　　D．解析中间件

（2）下列对于 Scrapy 数据流向描述错误的是（　　）。

  A．引擎仅需要负责打开一个网站，并找到该网站的 Spiders，并向该 Spiders 请求第一个要爬取的 URL

B. 调度器返回下一个要爬取的 URL 给引擎，引擎将 URL 通过下载器中间件（请求方向）转发给下载器（Downloader）

C. Spiders 处理响应并返回爬取到的 Items 及（跟进的）新的请求给引擎解析中间件

D. 一旦网页下载完毕，下载器会生成一个该网页的响应，并将其通过下载器中间件（返回响应方向）发送给引擎

（3）下列对于 Scrapy 常用命令及其作用描述正确的是（　　）。

A. startproject 是一个全局命令，主要用于运行一个独立的爬虫

B. genspider 是一个项目命令，主要用于创建爬虫模板

C. crawl 是一个项目命令，主要用于启动爬虫

D. list 是一个全局命令，主要用于列出项目中所有可用的爬虫

（4）下列对于 Scrapy 爬虫项目目录说法错误的是（　　）。

A. spiders 目录用于存放用户编写的爬虫脚本

B. items 脚本定义了一个 Item 类，能够存储爬取的数据

C. settings 脚本用于设置参数

D. pipelines 脚本定义了一个 Pipeline 类，可以根据需求将数据保存至数据库、文件等

（5）下列对于 Scrapy 的设置说法错误的是（　　）。

A. Scrapy 设置允许自定义所有 Scrapy 组件的行为，包括核心、扩展、管道和爬虫本身

B. DOWNLOAD_DELAY 设置能够限制爬取的速度

C. HTTPCACHE_ENABLED 设置能够启用 HTTP 缓存，并设置路径

D. DOWNLOADER_MIDDLEWARES 设置能够激活用户定制的下载器中间件

2. 操作题

（1）使用 Scrapy 命令查看 Scrapy 的版本。

（2）创建一个 Scrapy 项目爬取网站 "http://www.tipdm.com" 的解决方案网页的所有摘要的内容与标题。

附录 A

本附录主要介绍了 BeautifulSoup 库常见对象种类的常见属性、方法与函数，主要分为 5 个部分：Tag 对象的基本属性、搜索节点树、修改节点树和输出时所用的属性、方法与函数。

1. Tag 对象的基本属性

BeautifulSoup 中的 Tag 与 HTML 原生文档中的 Tag 一致，表示一个节点树中的节点。

基本属性	说明
tag.name	获取节点的名称
tag.attrs	获取节点的属性
tag.string	获取节点和唯一子节点中包含的单个字符串
tag.strings	循环获取节点中包含的全部字符串
tag.stripped_strings	去除获取节点中字符串包含的空白内容

2. 搜索节点树

（1）子节点和子孙节点

子节点为节点树的直属下一层节点，子孙节点为节点树的全部下属节点，可使用属性或生成器索引。

属性/生成器	说明
tag.name	获取 tag 节点的 name 子节点，按名称 name 搜索子节点
tag.contents	获取 tag 节点的子节点，以列表输出
tag.children	获取 tag 节点的全部子节点，通过生成器进行遍历
tag.descendants	获取 tag 节点的全部子孙节点，通过生成器进行遍历

（2）父节点和父辈节点

父节点为当前节点的上级节点，父辈节点为当前节点的全部上级节点，可使用属性或生成器获取。

属性/生成器	说明
tag.parent	获取 tag 节点的直接父节点
tag.parents	获取 tag 节点的全部父辈节点，通过生成器进行遍历

（3）兄弟节点

兄弟节点为与当前节点处在同一级的节点，本部分介绍了索引节点树中节点的兄弟节点时使用的属性和生成器。

属性/生成器	说明
tag.next_sibling	获取 tag 节点的下一个兄弟节点
tag.previous_sibling	获取 tag 节点的上一个兄弟节点
tag.next_siblings	向后获取 tag 节点的全部兄弟节点，以生成器迭代输出
tag.previous_sibling	向前获取 tag 节点的全部兄弟节点，以生成器迭代输出

（4）回退与前进

BeautifulSoup 中重现了 HTML 解析器将 HTML 文档按照顺序进行解析的过程，并可通过属性按顺序索引解析的对象。

属性/生成器	说明
tag.next_element	获取 tag 节点的下一个解析对象
tag.previous_element	获取 tag 节点的上一个解析对象
tag.next_elements	通过迭代器从当前 tag 节点向后访问文档的全部解析内容
tag.previous_elements	通过迭代器从当前 tag 节点向前访问文档的全部解析内容

3. 搜索节点树

BeautifulSoup 中提供了按过滤器对节点树中符合条件的对象进行搜索的多种方法。

方法	说明
tag.find()	获取满足过滤器条件的 tag 节点的第一个子节点，直接返回对象
tag.find_all()	获取满足过滤器条件的 tag 节点的所有子孙节点，返回列表
tag.find_parent()	获取满足过滤器条件的 tag 节点的直接父节点，直接返回对象
tag.find_parents()	获取满足过滤器条件的 tag 节点的所有父辈节点，返回列表
tag.find_next_sibling()	向后获取满足过滤器条件的 tag 节点的第一个兄弟节点，直接返回对象
tag.find_next_siblings()	向后获取满足过滤器条件的 tag 节点的所有兄弟节点，返回列表
tag.find_previous_sibling()	向前获取满足过滤器条件的 tag 节点的第一个兄弟节点，直接返回对象
tag.find_previous_siblings()	向前获取满足过滤器条件的 tag 节点的所有兄弟节点，返回列表
tag.find_next()	通过.next_elements 属性向后获取满足过滤器条件的 tag 节点的第一个节点，直接返回对象
tag.find_all_next()	通过.next_elements 属性向后获取满足过滤器条件的 tag 节点的所有节点，返回列表
tag.find_previous()	通过.previous_elements 属性向前获取满足过滤器条件的 tag 节点的第一个节点，直接返回对象
tag.find_all_previous()	通过.previous_elements 属性向前获取满足过滤器条件的 tag 节点的所有节点，返回列表

4. 修改节点树

（1）新增节点树内容

BeautifulSoup 中提供了可对节点树内容进行新增操作的方法。

方　　法	说　　明
tag.append()	向 tag 节点中添加内容
BeautifulSoup.new_string()	创建一个可添加至节点树中的字符串对象
BeautifulSoup.new_tag()	创建一个可添加至节点树中的子节点对象

（2）修改节点树内容

BeautifulSoup 中提供了可对节点树内容进行修改操作的方法。

方　　法	说　　明
tag.string	用当前的 tag 节点的内容替代原本的内容
tag.insert()	在 tag 节点中的指定位置插入元素
tag.insert_before()	在当前 tag 节点或文本节点前插入内容
tag.insert_after()	在当前 tag 节点或文本节点后插入内容
tag.replace_with()	移除节点树中的某段内容，并用新的 tag 节点或文本节点替代它
tag.wrap()	对指定的 tag 节点元素进行包装，并返回包装后的结果
tag.unwrap()	移除目标 tag 节点内的所有 tag 标签，即解包，返回被移除的 tag 节点

（3）删除节点树内容

BeautifulSoup 中提供方法可对节点树内容进行删除操作。

方　　法	说　　明
tag.clear()	移除当前 tag 节点的内容
tag.extract()	将当前 tag 节点移出节点树，并作为方法结果返回
tag.decompose()	将当前 tag 节点移出节点树，并完全销毁

5. 输出

BeautifulSoup 中可使用方法指定输出对象的格式。

方　　法	说　　明
soup.prettify()	将 BeautifulSoup 的节点树格式化后以 Unicode 编码输出，每个 XML/HTML 标签都独占一行
str()	默认返回 UTF-8 编码的字符串，可以指定输出编码
unicode()	以 Unicode 格式输出
tag.get_text()	获取到 tag 节点中包含的所有文字内容，包括子孙 tag 节点中的内容，并将结果作为 Unicode 字符串返回

附录 B

本附录主要介绍了 Selenium 库在模拟浏览器行为时常用的属性、方法与函数，主要分为两个部分：Driver 对象对浏览器的操作和 Element 对象对页面元素的操作。

1. 对浏览器操作

调用说明：本文使用的 Driver 对象，是建立在 Chrome 浏览器上的，即 driver = webdriver.Chrome()。

（1）Driver 对象的基本属性

该部分介绍了 Driver 对象的基本属性，包括了浏览器当前页面的 URL、当前页面的标题、获取页面的 HTML 代码等内容。

Selenium 库对浏览器的属性	含　义
driver.current_url	获得 driver 页面的 URL
driver.title	获取 driver 页面的标题
driver.page_source	获取 driver 页面 HTML 源代码
driver.current_window_handle	获取 driver 页面的当前窗口句柄
driver.window_handles	获取 driver 页面的所有窗口句柄
drive.close()	关闭当前 driver 页面的窗口

（2）定位浏览器页面的元素

该部分介绍了在浏览器上定位元素的方法，包括通过元素 ID 进行定位、通过元素名称进行定位，通过 XPath 表达式进行定位等内容。

定位一个元素	定位多个元素	含　义
find_element_by_id	find_elements_by_id	通过元素 ID 进行定位
find_element_by_name	find_elements_by_name	通过元素名称进行定位
find_element_by_xpath	find_elements_by_xpath	通过 Xpath 表达式进行定位
find_element_by_link_text	find_elements_by_link_text	通过完整超链接文本进行定位
find_element_by_partial_link_text	find_elements_by_partial_link_text	通过部分超链接文本进行定位
find_element_by_tag_name	find_elements_by_tag_name	通过标记名称进行定位
find_element_by_class_name	find_elements_by_class_name	通过类名进行定位
find_element_by_css_selector	find_elements_by_css_selector	通过 CSS 选择器进行定位

（3）Driver 对象的浏览操作

该部分介绍了浏览器上浏览操作的使用方法，包括了浏览器向前，切换到新窗口，警告框处理，切换到新表单等内容。

浏览操作方法	含 义
driver.get(url)	浏览器加载 URL
driver.forward()	浏览器向前
driver.back()	浏览器向后
driver.refresh()	浏览器刷新
driver.close()	关闭当前窗口，或最后打开的窗口
driver.quit()	关闭 driver 页面所有关联窗口
driver.switch_to_frame(id 或 name 属性值)	切换到新表单（同一窗口）
driver.switch_to.parent_content()	跳出当前一级表单
driver.switch_to.default_content()	跳回最外层的页面
driver.switch_to_window("windowName")	切换到新窗口
driver.switch_to_alert()	警告框处理

（4）Driver 对象的窗口参数

该部分介绍了在 Driver 对象上的窗口操作，包括了最大化浏览器窗口，设置浏览器窗口大小，获取当前窗口的长和宽等内容。

在浏览器窗口上操作方法	含 义
driver.maximize_window()	最大化 driver 页面窗口
driver.get_window_size()	获取 driver 页面当前窗口的长和宽
driver.get_window_position()	获取 driver 页面当前窗口坐标
driver.get_screenshot_as_file(filename)	截取 driver 页面当前窗口

（5）Driver 对象的 cookies 信息操作

该部分介绍了操作 Driver 对象的 Cookies 信息的方法，包括获取当前会话所有 Cookie 信息、添加 Cookie 信息、删除 Cookie 信息和删除所有 Cookie 信息。

操作浏览器 Cookies 方法	含 义
driver.get_cookies()	获取当前会话所有 Cookie 信息
driver.add_cookie(cookie_dict)	添加 Cookie 信息
driver.delete_cookie(name,optionsString)	删除 Cookie 信息
driver.delete_all_cookies()	删除所有 Cookie 信息

（6）Driver 对象的等待操作

该部分介绍了 Driver 对象的等待方法，包括浏览器的隐式等待和显式等待。

浏览器等待的方法	含 义
driver.implicitly_wait(秒)	隐式等待
WebDriverWait(driver,秒)	显式等待

2. 对页面元素操作

调用说明，先在页面查找到相应的元素，如 element=driver.find_element*。

（1）Element 对象的基本属性

该部分介绍了 Element 对象的基本属性，包括获取 Element 对象的尺寸、获取 Element 对象的文本和获取 Element 对象的标签名称。

Selenium 库对页面元素的属性	含 义
element.size	获取 Element 对象的尺寸
element.text	获取 Element 对象的文本
element.tag_name	获取 Element 对象的标签名称

（2）Element 对象与页面的交互

该部分介绍了 Element 对象与页面交互的方法，包括清除文本、输入文字或键盘按键、单击元素等内容。

页面元素交互方法	含 义
element.clear()	清除 Element 对象文本
element.send_keys(value)	在 Element 对象上输入文字或键盘按键
element.click()	单击 Element 对象
element.get_attribute(name)	获得 Element 对象的属性值
element.is_displayed()	返回 Element 对象的结果是否可见（True 或 False）
element.is_selected()	返回 Element 对象的结果是否被选中（True 或 False）

参考文献

[1] urllib3: https://urllib3.readthedocs.io/en/latest/index.html.

[2] Requests: HTTP for Humans: http://docs.python-requests.org/en/master.

[3] Chrome 开发者工具: https://developers.google.com/web/tools/chrome-devtools.

[4] lxml: https://lxml.de/index.html

[5] re — Regular expression operations: https://docs.python.org/3.6/library/re.html.

[6] json — JSON encoder and decoder: https://docs.python.org/3.6/library/json.html.

[7] PyMySQL: https://pymysql.readthedocs.io/en/latest/modules/connections.html.

[8] User Guide: https://pymysql.readthedocs.io/en/latest/user/index.html.

[9] Locating Elements: https://selenium-python.readthedocs.io/locating-elements.html.

[10] http.cookiejar: https://docs.python.org/3/library/http.cookiejar.html.

[11] Scrapy: https://docs.scrapy.org/en/latest.

[12] 于娟, 刘强. 主题网络爬虫研究综述[J]. 计算机工程与科学, 2015, 37(02): 231-237.

[13] Richard Lawson. 用 Python 写网络爬虫[M]. 李斌, 译. 北京: 人民邮电出版社. 2016.

[14] 范传辉. Python 爬虫开发与项目实战[M]. 北京: 机械工业出版社. 2017.

[15] 崔庆才. Python3 网络爬虫开发实战[M]. 北京: 人民邮电出版社. 2018.